# ESSAI

SUR UNE MANIÈRE DE REPRÉSENTER

# LES QUANTITÉS IMAGINAIRES

DANS

## LES CONSTRUCTIONS GÉOMÉTRIQUES,

PAR R. ARGAND

---

2e ÉDITION

PRÉCÉDÉE D'UNE PRÉFACE

PAR M. J. HOÜEL

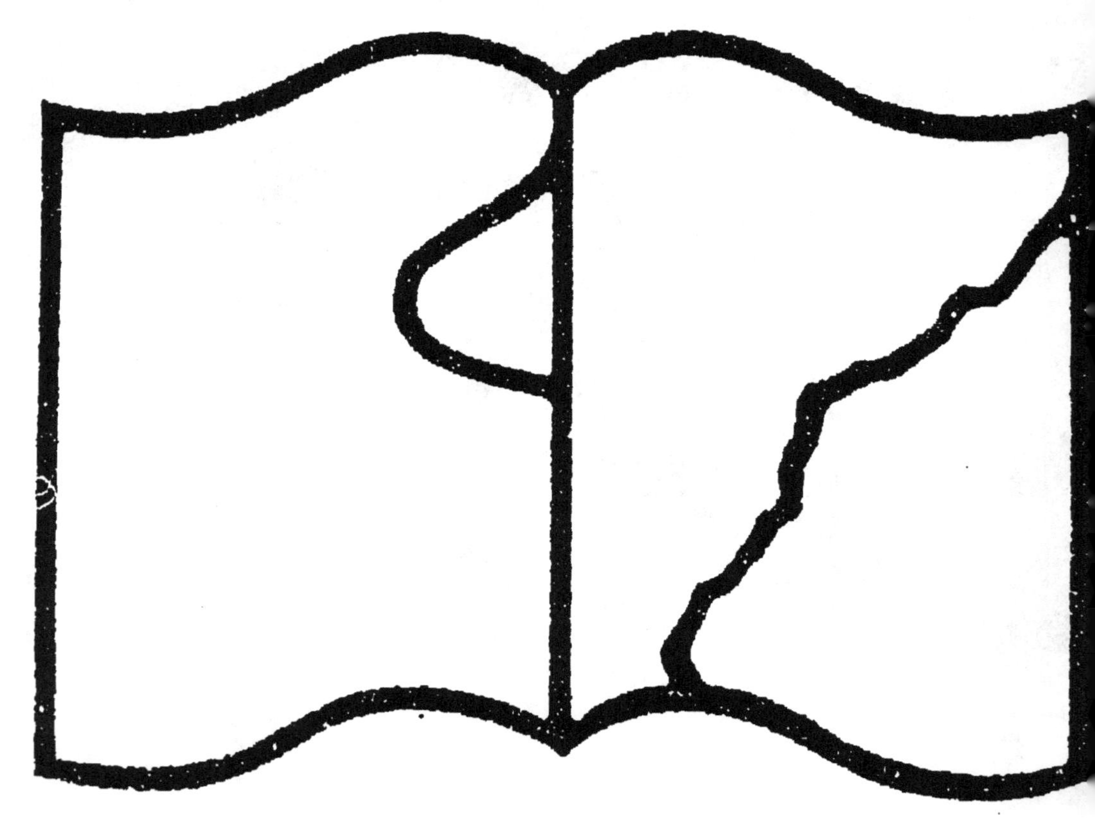

Texte détérioré
Marge(s) coupée(s)

# ESSAI

SUR UNE MANIÈRE DE REPRÉSENTER

# LES QUANTITÉS IMAGINAIRES

DANS

LES CONSTRUCTIONS GÉOMÉTRIQUES.

**GAUTHIER-VILLARS,**
Quai des Augustins, 55.

# ESSAI

SUR UNE MANIÈRE DE REPRÉSENTER

# LES QUANTITÉS IMAGINAIRES

DANS

## LES CONSTRUCTIONS GÉOMÉTRIQUES,



PAR R. ARGAND.

---

2e ÉDITION

PRÉCÉDÉE D'UNE PRÉFACE

PAR M. J. HOÜEL

ET SUIVIE D'UN APPENDICE

Contenant des Extraits des *Annales de Gergonne*, relatifs à la question des imaginaires.

---

PARIS,

GAUTHIER-VILLARS, IMPRIMEUR-LIBRAIRE

DU BUREAU DES LONGITUDES, DE L'ÉCOLE POLYTECHNIQUE,

SUCCESSEUR DE MALLET-BACHELIER,

Quai des Augustins, 55.

1874

# AVERTISSEMENT

DE

# L'ÉDITEUR.

L'Ouvrage que nous rééditons aujourd'hui est du petit nombre de ceux qui marquent une époque dans l'histoire de la science. C'est dans cet Opuscule que l'on trouve le premier germe de la vraie théorie des quantités dites *imaginaires*. Cette théorie, dont on fait généralement honneur au génie de Gauss, n'a été indiquée par ce grand géomètre que vingt-cinq ans après l'impression du travail d'Argand (*), et, dans l'intervalle, elle avait été plusieurs fois réinventée, tant en France qu'en Angleterre. Nous ne pouvons invoquer, à ce sujet, de témoignage plus probant que celui d'un géomètre allemand, dont la science déplore la perte récente.

---

(*) *Anzeige zur « Theoria residuorum biquadraticorum, Commentatio secunda.* » 1831. (Gauss Werke, t. II, p. 174.)

« Le premier », dit M. Hankel (*), « qui ait enseigné la représentation des nombres imaginaires A + B *i* au moyen des points d'un plan et qui ait donné les règles de l'addition et de la multiplication géométriques de ces nombres, c'est Argand, qui établit sa théorie dans une brochure, imprimée à Paris, en 1806, sous le titre de « *Essai sur une manière de représenter les quantités imaginaires dans les constructions géométriques* ». Toutefois cet écrit ne parvint à la connaissance du public qu'à la suite d'une Note insérée par J.-F. Français, dans les *Annales de Gergonne,* tome IV, 1813-1814, page 61, et à l'occasion de laquelle Argand fit paraître deux articles dans le même Recueil (**). Dans ces articles, la théorie est traitée d'une manière si complète, que l'on n'a trouvé, depuis, rien de nouveau à y ajouter; et, à moins que l'on ne vienne à découvrir quelque autre travail plus ancien, c'est Argand que l'on doit regarder comme le véritable fondateur de la théorie des quantités complexes dans le plan.

» ... On sait que Gauss, en 1831 (***), a développé la même idée; mais, quelque grand que soit son mérite

(*) *Vorlesungen über die complexen Zahlen und ihre Functionen.* (Leipzig, 1867, p. 82.)

(**) T. IV, p. 133, et t. V, p. 197.

(***) *OEuvres*, t. II, p. 174.

comme introducteur de cette idée dans la science, il n'en est pas moins impossible de lui en attribuer la priorité. »

Comme on le voit par ce résumé fidèle de l'historique de cette question, l'Ouvrage d'Argand était resté à peu près complétement ignoré, n'ayant pas été mis dans le commerce (*), et n'ayant été distribué qu'à un petit nombre de personnes. Sept ans plus tard, Français, officier d'artillerie à Metz, envoya au rédacteur des *Annales* (**) un aperçu d'une théorie, dont il avait trouvé l'idée premiere dans une lettre adressée à son frère par Legendre, qui la tenait lui-même d'un autre auteur dont il ne donnait pas le nom. Cet article tomba sous les yeux d'Argand, qui adressa aussitôt à Gergonne une Note (***) dans laquelle il se faisait connaître comme l'auteur du travail cité dans la lettre de Legendre, et où il donnait en même temps un résumé assez complet de sa brochure de 1806.

Cette double publication donna lieu dans les *Annales* à une discussion à laquelle prirent part Français, Gergonne et Servois, et qui se termina par un remarquable article, dans lequel Argand expose d'une manière plus satisfaisante divers points de sa théorie, notamment sa démon-

---

(*) *Voir* p. 77 de ce volume.

(**) *Ibid.*, p. 63.

(***) *Ibid.*, p. 76.

stration de la proposition fondamentale de la théorie des équations algébriques, démonstration la plus simple que l'on ait donnée jusqu'ici, et que Cauchy n'a fait que reproduire plus tard sous une forme purement analytique, mais moins saisissante. Ces divers articles formant un complément naturel de la brochure d'Argand, et se trouvant dans un Recueil devenu extrêmement rare, nous les avons réunis dans un *Appendice* à la fin du volume.

Malgré la publicité que l'insertion dans un journal scientifique aussi répandu aurait dû leur procurer, les idées d'Argand passèrent tout à fait inaperçues, et la preuve en est que, vingt-deux ans après l'impression de l'*Essai*, quatorze ans après celle des articles des *Annales*, elles furent réinventées à la fois, par Warren, en Angleterre, et par Mourey, en France, sans qu'aucun de ces deux auteurs semble avoir eu connaissance des travaux du premier inventeur. Ils ne parvinrent pas eux-mêmes à fixer l'attention des géomètres, bien que les recherches de Mourey eussent été résumées dans les *Leçons d'Algèbre* de Lefébure de Fourcy, et que Warren eût publié dans les *Philosophical Transactions* deux articles faisant suite à son premier Ouvrage. C'est seulement après que Gauss eut parlé que l'on commença, en Allemagne, à prendre ces idées en considération. Elles devinrent bientôt familières aux géomètres anglais, et furent le point de départ de la théorie des quaternions d'Hamilton, tandis que, en

Italie, M. Bellavitis les retrouvait de son côté, et fondait sur leur développement sa méthode des équipollences. En France, on continua à refaire le travail d'Argand, sans y rien ajouter d'essentiel, jusqu'au jour où Cauchy adopta cette théorie, et l'exposa dans ses *Exercices d'Analyse et de Physique mathématique* (*), avec des indications historiques complètes, en rendant pleine justice au mérite d'Argand.

Le livre du modeste savant genevois contient le germe de plusieurs suites de recherches, dont les unes ont éclairé d'un jour inattendu les mystères qui régnaient depuis si longtemps sur la véritable nature des quantités négatives et des quantités imaginaires, et ont introduit une grande lumière dans la théorie des fonctions, en la rendant susceptible d'une représentation sensible aux yeux; les autres, moins importantes jusqu'ici, mais auxquelles l'avenir réserve peut-être un grand rôle, ont eu pour résultat la création de nouvelles méthodes de Géométrie analytique, parmi lesquelles il suffira de citer celles de Möbius, de Bellavitis, de Hamilton, de Grassmann.

Longtemps les analystes, dans l'impossibilité d'écarter la présence continuelle des quantités négatives ou imaginaires dans les résultats du calcul, et de se passer des ser-

(*) T. IV, p. 157.

vices essentiels que l'usage de ces symboles pouvait leur rendre, se résignèrent à les employer, sans se rendre un compte exact de leur nature, en les considérant comme des signes d'opérations qui n'avaient aucun sens par eux-mêmes, mais qui, soumis à certaines règles, conduisaient par une voie courte et sûre, mais obscure et mystérieuse, aux résultats que l'on n'aurait pu atteindre, par le seul emploi des quantités proprement dites, sans se condamner à de longs et pénibles détours, et sans multiplier à l'infini le nombre des cas particuliers à discuter.

On finit par s'apercevoir (*) que l'impossibilité des quantités négatives n'est qu'apparente, en général, et qu'elle tient à ce que l'on a voulu introduire une généralisation de l'idée de quantité, sans modifier en même temps les définitions des opérations analytiques qui s'y rapportent.

On aurait pu, en remontant aux éléments de l'Arithmétique, rencontrer un cas tout à fait analogue, où personne n'a pourtant songé à trouver de difficultés. L'opération de la division ne peut, le plus souvent, s'effectuer exactement, tant que l'on n'a que des nombres entiers à sa disposition. Si l'on introduit le partage de l'unité en fractions égales, la division devient possible dans tous les cas, et le

---

(*) *Voir* plus loin, p. 4.

résultat se présente sous la forme d'une expression *complexe*, contenant deux nombres, dont l'un indique une multiplication, l'autre une division. De là naît une nouvelle classe de quantités, les fractions, sur lesquelles on effectue des opérations portant les mêmes noms que les opérations relatives aux nombres entiers et qu'elles comprennent comme cas particuliers. Mais on a toujours eu soin de modifier en conséquence les définitions de la multiplication et de la division, pour les rendre applicables aux nouvelles quantités.

C'est en agissant d'une manière analogue pour l'addition et la soustraction que l'on peut se faire une idée nette des quantités négatives. Tant qu'il n'est question que de la détermination d'une grandeur, la soustraction $a - b$ devient impossible et absurde, si $b$ est plus grand que $a$. Mais si, au lieu d'une série de grandeurs, croissant dans un sens unique et déterminé à partir de zéro, on est en présence d'une série d'objets, se continuant indéfiniment dans deux sens opposés, et si l'on appelle *addition* l'opération qui consiste à marcher d'une certaine quantité dans un sens convenu, *soustraction* l'opération inverse qui consiste à marcher dans le sens opposé, les opérations ainsi définies seront toujours exécutables, et leurs résultats seront aussi réels que ceux de l'addition arithmétique.

Pour représenter simplement ces résultats, on est conduit à incorporer, dans le symbole qui désigne une quantité, le signe indiquant dans quel sens cette quantité doit être portée. Telle est la vraie signification des quantités négatives.

On peut encore pousser plus loin cette extension de l'idée de la quantité et des définitions des opérations relatives à cette quantité. Mais, pour la clarté de l'exposition, il devient ici presque indispensable d'employer pour la représentation des objets la notation géométrique, la plus complète et la plus lumineuse de toutes, dans les limites où elle est applicable. Supposons que les objets à déterminer soient soumis à une double cause de variation, et dépendent de deux grandeurs pouvant être représentées par les deux coordonnées de nature quelconque qui fixent chaque point d'un plan. L'opération de l'extraction de la racine carrée, par exemple, définie précédemment dans le cas où une seule coordonnée varie, n'était possible que dans le cas où la quantité soumise à cette opération appartenait à la même région que la quantité qui représente l'unité positive. Tant que $\sqrt{a}$ a dû correspondre à la construction d'une moyenne proportionnelle entre $a$ et $+1$, $\sqrt{-b^2}$ n'a pu être que l'indication d'une opération inexécutable, et aucun point du lieu correspondant à la variation d'une seule coordonnée ne peut représenter ce résultat.

Mais il en est autrement si l'on fait varier les deux coordonnées à la fois, en ne s'astreignant plus à rester sur une ligne donnée, et si l'on modifie la définition de l'extraction de la racine carrée. Alors les quantités que l'on considère ne dépendent plus d'*une seule* grandeur, mais de *deux*, et méritent pour cette raison le nom de quantités *complexes*. Une opération exécutée sur une pareille quantité affecte à la fois les deux grandeurs dont celle-ci est formée, absolument comme les opérations exécutées sur une fraction ordinaire affectent les deux termes de la fraction. Grâce à l'introduction simultanée des nouvelles quantités et des nouvelles définitions d'opérations, $\sqrt{-b^2}$ n'indique plus une opération impossible, et le nom d'*imaginaire* ne convient plus à un tel résultat, pas plus qu'il ne convenait aux fractions et aux quantités négatives.

Telle est la conséquence fondamentale qui ressort immédiatement de la conception d'Argand. Les symboles de la forme $a + b\sqrt{-1}$, auxquels on avait réussi à ramener les résultats de toutes les opérations analytiques, n'offrent plus rien d'impossible ni d'incompréhensible ; ce sont des systèmes de deux nombres $a$, $b$, qui se combinent entre eux de la même manière que les systèmes des deux coordonnées de chaque point d'un plan.

Dès lors, les beaux résultats, que Cauchy devait découvrir par des prodiges de puissance analytique, allaient se traduire par des constructions géométriques parlant aux yeux, et la discussion des formules devenait un problème simple de la Géométrie de situation, dont Riemann a plus tard complété la solution.

La théorie des quantités complexes, qui, par les découvertes de Cauchy, était devenue la base de la théorie des fonctions, venait en même temps d'acquérir un nouveau degré d'évidence, qui la mettait au-dessus de toutes les objections et de tous les doutes, auxquels jusque-là elle avait été sujette.

Tels sont les éminents services que la découverte d'Argand a rendus à l'Analyse et à la Philosophie mathématique.

Mais la Géométrie aussi a profité, comme l'Analyse, bien qu'à un moindre degré, de l'introduction de ces conceptions fondées sur la découverte d'un nouveau lien entre ces deux branches de la science. On trouve dans l'Ouvrage d'Argand les premiers essais d'une méthode très-générale de Géométrie analytique pour les figures planes, que M. Bellavitis a développée plus tard avec un si grand succès, et qui permet de traiter par des procédés uniformes les questions de Géométrie élémentaire et les parties les plus élevées de la théorie des courbes. Cette méthode a l'avantage d'introduire dans les calculs les points eux-mêmes, au lieu de leurs coordonnées, et de permettre ainsi de choisir, au dernier moment, le système de coordonnées qui se présente comme le plus avantageux.

Argand a été moins heureux dans les tentatives qu'il a faites pour étendre sa méthode de représentation des points à l'espace à trois dimensions. Cette question offre, en effet, des difficultés bien plus grandes que celles qu'il venait de résoudre, et c'est seulement trente ans plus tard que Hamilton est parvenu à les surmonter.

Nous aurions vivement désiré de pouvoir donner à nos lecteurs quelques renseignements sur la personne de l'auteur de cet important Opuscule. Nous nous sommes adressé, pour en obtenir, au savant le plus versé dans l'histoire scientifique de la Suisse, à M. R. Wolf, à qui l'on doit un *Recueil de Biographies* aussi remarquable par la profonde érudition que par l'attrait du récit. M. Wolf a eu l'obligeance de faire faire aussitôt des recherches à Genève, ville natale d'Argand. Malheureusement les informations qu'il a pu se procurer, par l'intermédiaire de M. le professeur Alfred Gautier, se réduisent à quelques lignes, que nous transcrivons ici :

« J'ai bien trouvé l'inscription de la naissance, le 22 juillet 1768, de JEAN-ROBERT ARGAND, fils de Jacques Argand et de Ève Canac. C'est très-probablement l'auteur du Mémoire de Mathématiques en question. D'après ce qui m'a été dit par une personne qui connaissait sa famille, ce monsieur a été longtemps teneur de livres à Paris, et je présume que c'est là qu'il est mort. Il n'était point proche parent d'Aimé Argand (1), et peut-être

(*) Ami et collaborateur des Montgolfier, inventeur de la lampe qui porte son nom (1755-1803).

n'était-il pas de la même famille. Il a eu un fils, qui a aussi habité Paris. »

Depuis, M. Wolf a appris qu'Argand avait eu aussi une fille, nommée Jeanne-Françoise-Dorothée-Marie-Élisabeth, mariée à Félix Bousquet, avec qui elle était allée s'établir à Stuttgart, où Bousquet avait obtenu un petit emploi. Si nous ajoutons à cela qu'Argand demeurait, vers 1813, à Paris, rue de Gentilly, n° 12, comme l'indique une note de sa main, inscrite sur le titre de l'exemplaire adressé par lui à Gergonne, nous aurons épuisé tout ce qu'il nous a été donné de recueillir sur la vie de cet inventeur, dont la modeste existence restera ignorée, mais dont les services scientifiques ont été, par Hamilton et par Cauchy, proclamés dignes de la reconnaissance de la postérité.

J. Hoüel.

# LISTE DES TRAVAUX

## Publiés par Jean-Robert ARGAND.

### Ouvrage séparé.

I. Essai sur une manière de représenter les quantités imaginaires dans les constructions géométriques. (*Sans nom d'auteur.*) Paris, 1806, 1 vol. petit in-8°, 78 pages.

### Mémoires insérés dans les *Annales de Mathématiques pures et appliquées* de Gergonne.

II. Solution de deux problèmes proposés à la page 243 du IIIe volume des *Annales* (*), avec quelques applications à la construction des thermomètres métalliques en forme de montre (27 février 1813). (T. IV, p. 29-41.)

III. Essai sur une manière de représenter les quantités imaginaires dans les constructions géométriques. (T. IV, p. 133-147.)

IV. Solution du problème d'Architecture proposé à la page 92 de ce volume. — La base et la montée d'une anse de panier, dont

(*) 1. Des arcs de cercle, en nombre infini, de même longueur, mais de différents rayons, situés dans un même plan, touchant d'un même côté, par leur milieu, une même droite en un même point, déterminer l'équation de la courbe qui contient les extrémités de ces arcs.

2. Des calottes sphériques, en nombre infini, de même surface, mais de différents rayons, touchant d'un même côté, par leur pôle, un même plan en un même point, déterminer l'équation de la surface qui contient les circonférences de ces calottes.

le nombre des centres est $2n+1$, étant données, construire la demi-anse, dont par conséquent le nombre des centres sera $n+1$, avec la condition que tous les arcs de cette demi-anse soient semblables, et que leurs rayons forment une progression géométrique. — Faire une application de la solution générale au cas particulier où $n=2$, et où, par conséquent, chacun des arcs de la demi-anse serait de 30 degrés. (T. IV, p. 256-259.)

V. Solution du problème de situation proposé à la page 231 du III^e volume des *Annales*. — Soit une circonférence divisée en un nombre quelconque N de parties égales, et soient affectés arbitrairement, et sans suivre aucun ordre déterminé, aux points de division, les numéros 1, 2, 3,..., N — 1, N. Soient joints ensuite par des cordes le point 1 au point 2, celui-ci au point 3, le point 3 au point 4, et ainsi de suite, jusqu'à ce qu'on soit parvenu à joindre le point N — 1 au point N, et enfin ce dernier au point 1. On formera ainsi une sorte de polygone de N côtés, inscrit au cercle, et qui, en général, ne sera point régulier, puisque ses côtés peuvent être inégaux, et que même quelques-uns d'entre eux pourront en couper un ou plusieurs des autres. Si l'on varie ensuite, de toutes les manières possibles, le numérotage des points de division, et qu'on répète, pour chaque numérotage, la même opération que ci-dessus, on formera un nombre déterminé de polygones inscrits, parmi lesquels plusieurs ne différeront les uns des autres que par leur situation. On propose de déterminer, en général, quel sera le nombre des polygones réellement différents. (T. V, p. 189-196) (*).

---

(*) *Note du Rédacteur.* Le Rédacteur des *Annales* a reçu de M. Argand un beau Mémoire d'Analyse indéterminée, contenant la solution du difficile problème de la page 231 du III^e volume de ce Recueil. Ce Mémoire étant trop étendu pour pouvoir paraître de suite, l'auteur, à la prière du Rédacteur, a bien voulu en faire un extrait, présentant le procédé pratique dégagé de tout raisonnement, extrait très-propre à aider à l'intelligence du Mémoire, lorsqu'il paraîtra : c'est cet extrait que l'on va mettre sous les yeux du lecteur. On doit espérer que l'exemple de M. Argand encouragera quelques géomètres à aborder d'autres questions proposées dans les *Annales*, et demeurées jusqu'ici sans solution.

VI. Réflexions sur la nouvelle théorie des imaginaires, suivies d'une application à la démonstration d'un théorème d'Analyse. (T. V, p. 197-209.)

VII. Extraits d'une Lettre au Rédacteur (relativement au problème de la tractoire et au pendule à point de suspension mobile) (20 octobre 1814). (T. V, p. 211-212 et 216-217.)

VIII. Recherches sur le développement numérique des fonctions que M. Kramp a dénotées par Λ et Γ dans son *Arithmétique universelle*. (T. V, p. 236-251.)

IX. Solution d'un problème de combinaisons : Avec *m* choses, toutes différentes les unes des autres, de combien de manières peut-on faire *n* parts, avec la faculté de faire des parts nulles? (T. VI, p. 21-27.)

# ESSAI

## SUR UNE MANIÈRE

## DE REPRÉSENTER

# LES QUANTITÉS IMAGINAIRES

## DANS LES CONSTRUCTIONS GÉOMÉTRIQUES.

à Monsieur
Gergonne
à Nîmes

DE L'IMPRIMERIE DE DUMINIL-LESUEUR,
rue de Harpe, N°. 78.

# ESSAI

## SUR UNE MANIÈRE

## DE REPRÉSENTER

# LES QUANTITÉS IMAGINAIRES

## DANS LES CONSTRUCTIONS GÉOMÉTRIQUES.

A PARIS,

Mr Argand rue de l'Echelle

Chez ~~Madame Veuve BLANC, Horloger, rue S. Honoré, N° 262, vis à vis la rue du Coq.~~

M. DCCC. VI.

# ESSAI

SUR

UNE MANIÈRE DE REPRÉSENTER

# LES QUANTITÉS IMAGINAIRES

## DANS LES CONSTRUCTIONS GÉOMÉTRIQUES.

S. F. T. L. C. M.

1. Soit $a$ une grandeur prise à volonté. Si à cette grandeur on en ajoute une seconde qui lui soit égale, pour ne former qu'un seul tout, on aura une nouvelle grandeur, qui sera exprimée par $2a$. Faisant sur cette dernière grandeur une pareille opération, le résultat sera exprimé par $3a$, et ainsi de suite. On obtiendra ainsi une suite de grandeurs

$$a,\ 2a,\ 3a,\ 4a, \ldots,$$

dont chaque terme naît du précédent, par une opération qui est la même pour tous les termes, et qui peut être répétée indéfiniment.

Considérons cette même suite à rebours, savoir :

$$\ldots,\ 4a,\ 3a,\ 2a,\ a.$$

On peut encore concevoir, dans cette nouvelle suite, chaque terme comme déduit du précédent, par une opération inverse de celle qui sert à la formation de la première suite; mais il existe une différence notable entre les deux suites : la première peut être poussée aussi loin qu'on voudra; il n'en est pas de même de la seconde. Après le terme $a$, on trouvera le terme o; mais, pour aller plus loin, il faut que la nature de la grandeur $a$ soit telle, qu'on puisse opérer à l'égard de o comme on l'a fait à l'égard des termes ..., $4a$, $3a$, $2a$, $a$. Or c'est ce qui n'est pas toujours possible.

Si $a$, par exemple, désigne un poids matériel, comme le *gramme*, la suite des quantités ..., $4a$, $3a$, $2a$, $a$, o ne peut être continuée au delà de o; car on ôte bien 1 gramme de 3, de 2 ou de 1 gramme, mais on ne saurait l'ôter de o. Ainsi les termes qui devraient suivre o ne peuvent avoir d'existence que dans l'imagination; ils peuvent, par cela même, être appelés *imaginaires*.

Mais, au lieu d'une suite de poids matériels, considérons les divers degrés de pesanteur qui agissent sur le bassin A d'une balance qui contient des poids dans ses deux bassins, et supposons, pour donner plus d'appui à nos idées, que les mouvements des bras de cette balance soient proportionnels aux poids ajoutés ou retranchés, effet qui aurait lieu, par exemple, au moyen d'un ressort adapté à l'axe. Si l'addition du poids $n$ dans le bassin A fait varier de la quantité $n'$ l'extrémité du bras A, l'addition des poids $2n$, $3n$, $4n$,... occasionnera, sur cette même extrémité, des variations $2n'$, $3n'$, $4n'$,..., et ces variations pourront être prises pour mesure de la pesanteur agissant sur le bassin A : cette pesanteur est o pour le cas d'égalité entre les deux bassins. On pourra, en ajoutant dans le bassin A des poids $n$, $2n$, $3n$,..., obtenir les pesanteurs $n'$, $2n'$, $3n'$,..., ou, en partant de la pesanteur $3n'$, obtenir, en retranchant des poids, les pesanteurs $2n'$, $n'$, o. Mais ces divers degrés peuvent être produits non-seulement en enlevant des poids au bassin A, mais aussi en en ajoutant au bassin B. Or l'addition de poids sur le bassin B peut être répétée indéfiniment; ainsi, en la continuant, on formera de nouveaux degrés de pesanteur exprimés par $-n'$, $-2n'$, $-3n'$,..., et ces termes, appelés *négatifs*, exprimeront des quantités aussi réelles que les termes positifs. On voit donc aussi que, si deux termes, de signes différents, ont le même nombre pour coefficient, comme $3n'$, $-3n'$, ils exprimeront deux états du levier tels, que l'extrémité qui marque les degrés de pesanteur sera, dans l'un et dans l'autre, également éloignée du point o. On peut considérer cet éloignement en faisant abstraction du *sens* dans lequel il a lieu, et lui donner alors le nom d'*absolu*.

Considérons encore dans une autre espèce de grandeurs la génération des quantités négatives. Si, pour compter une somme d'argent, on adopte pour unité le *franc* matériel, on pourra opérer des diminutions successives sur cette somme, et la réduire à zéro par la soustraction d'un certain nombre de francs. Arrivé à ce terme, on voit que la soustraction cesse d'être praticable, et que, par conséquent, — 1 franc, — 2 francs,... sont des quantités imaginaires.

Prenons maintenant le franc de compte pour unité, à dessein d'évaluer la fortune d'un individu, laquelle se compose de valeurs actives et de valeurs passives. Ce que nous appelons *diminution* dans cette fortune pourra avoir lieu soit par le retranchement d'un nombre de francs à l'actif, soit par l'addition d'un nombre de francs au passif, et, en poussant à un certain terme cette diminution par l'un de ces deux moyens, on parviendra à une fortune négative, telle que — 100 francs, — 200 francs,.... Ces expressions signifieront que le nombre de francs des valeurs passives, considéré abstraitement, est plus grand de 100, de 200,... que celui des valeurs actives. Ainsi — 100 francs, — 200 francs,..., qui n'exprimaient dans le premier cas que des quantités imaginaires, représentent ici des quantités aussi réelles que celles que désignent les expressions positives.

2. Ces notions sont très-élémentaires; néanmoins il n'est pas si aisé qu'il pourrait le paraître d'abord de les établir d'une manière bien lumineuse, et d'y donner cette généralité que demande leur application aux calculs. On ne peut d'ailleurs douter de la difficulté du sujet, si l'on réfléchit que les sciences exactes avaient été cultivées pendant un grand nombre de siècles, et qu'elles avaient fait de très-grands progrès avant qu'on eût acquis les véritables notions des quantités négatives, et qu'on eût conçu la manière générale de les employer.

Au reste, on ne s'est nullement proposé de donner ici des principes plus rigoureux ou plus évidents que ceux qu'on trouve dans les Ouvrages qui traitent ce sujet; on a eu simplement pour but de faire deux remarques sur les quantités négatives. La première est que, selon l'espèce de grandeurs à laquelle on applique la numération, la quantité négative est réelle ou imaginaire (*); la se-

(*) Le sens dans lequel on prend ces mots est suffisamment

conde est que, deux quantités d'une espèce susceptible de fournir des valeurs négatives étant comparées entre elles, l'idée de leur rapport est complexe. Elle comprend : 1° l'idée du rapport numérique dépendant de leurs grandeurs respectives considérées *absolument;* 2° l'idée du rapport des *directions* ou *sens* auxquels elles appartiennent, rapport qui en est l'identité ou l'opposition.

3. Maintenant, si, faisant abstraction du rapport des grandeurs absolues, on considère les différents cas que peut présenter le rapport des directions, on trouvera qu'ils se réduisent à ceux qu'offrent les deux proportions suivantes :

$$+1 : +1 :: -1 : -1,$$

$$+1 : -1 :: -1 : +1.$$

L'inspection de ces proportions et de celles qu'on formerait par le renversement des termes montre que les termes moyens sont de signes semblables ou différents, suivant que les extrêmes sont eux-mêmes de signes semblables ou différents.

Qu'on se propose actuellement de déterminer la moyenne proportionnelle géométrique entre deux quantités de signes

---

déterminé par ce qui précède : l'extension qu'on donne ici à leur signification ordinaire paraît permise, et d'ailleurs n'est pas absolument nouvelle. Ce qu'on appelle, en Optique, foyer imaginaire, par opposition au foyer réel, est le point de rencontre de rayons qui n'ont pas une existence physique, et qui peuvent, en quelque sorte, être considérés comme des rayons négatifs.

différents, c'est-à-dire la quantité $x$ qui satisfait à la proportion

$$+1 : +x :: +x : -1.$$

On est arrêté ici comme on l'a été en voulant continuer au delà de o la progression arithmétique décroissante, car on ne peut égaler $x$ à aucun nombre positif ou négatif; mais, puisqu'on a trouvé plus haut que la quantité négative, imaginaire lorsque la numération était appliquée à de certaines espèces de grandeurs, devenait réelle lorsque l'on combinait d'une certaine manière l'idée de *grandeur absolue* avec l'idée de *direction*, ne serait-il pas possible d'obtenir le même succès relativement à la quantité dont il s'agit, quantité réputée imaginaire par l'impossibilité où l'on est de lui assigner une place dans l'échelle des quantités positives ou négatives?

En y réfléchissant, il a paru qu'on parviendrait à ce but si l'on pouvait trouver un genre de grandeurs auquel pût s'allier l'idée de direction, de manière que, étant adoptées deux directions opposées, l'une pour les valeurs positives, l'autre pour les valeurs négatives, il en existât une troisième telle, que la direction positive fût à celle dont il s'agit comme celle-ci est à la direction négative.

4. Or, si l'on prend un point fixe K (*fig.* 1) et qu'on adopte pour unité positive la ligne KA considérée comme ayant sa direction de K en A, ce qu'on pourra désigner par $\overline{KA}$, pour distinguer cette quantité de la ligne KA dans laquelle on ne considère ici que la grandeur absolue, l'unité négative sera $\overline{KI}$, le trait supérieur ayant la même destination que celui qui est placé sur $\overline{KA}$, et la condi-

tion à laquelle il s'agit de satisfaire sera remplie par la ligne KE, perpendiculaire aux précédentes et considérée

Fig. 1.

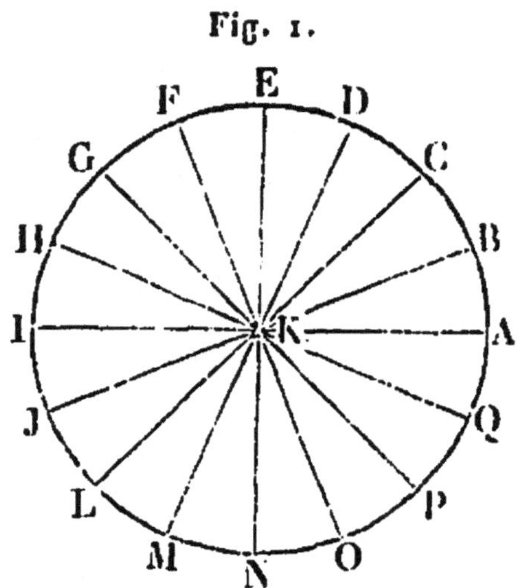


comme ayant sa direction de K en E, et qu'on exprimera également par $\overline{KE}$. En effet, la direction de $\overline{KA}$ est, à l'égard de la direction de $\overline{KE}$, ce que cette dernière est à l'égard de la direction de $\overline{KI}$. De plus, on voit que cette même condition est aussi bien remplie par $\overline{KN}$ que par $\overline{KE}$, ces deux dernières quantités étant entre elles comme $+1$ et $-1$, ainsi que cela doit être. Elles sont donc ce qu'on exprime ordinairement par $+\sqrt{-1}$, $-\sqrt{-1}$.

Par une marche analogue, on pourra insérer de nouvelles moyennes proportionnelles entre les quantités dont il vient d'être question. En effet, pour construire la moyenne proportionnelle entre $\overline{KA}$ et $\overline{KE}$, il faudra tirer la ligne CKL qui divise l'angle AKE en deux parties égales, et la moyenne cherchée sera $\overline{KC}$ ou $\overline{KL}$. La ligne GKP donnera également les moyennes entre $\overline{KE}$ et $\overline{KI}$ ou entre

$\overline{KA}$ et $\overline{KN}$. On obtiendra de même les quantités $\overline{KB}$, $\overline{KD}$, $\overline{KF}$, $\overline{KH}$, $\overline{KJ}$, $\overline{KM}$, $\overline{KO}$, $\overline{KQ}$ pour moyennes entre $\overline{KA}$ et $\overline{KC}$, $\overline{KC}$ et $\overline{KE}$, . . ., et ainsi de suite. On pourra pareillement insérer un plus grand nombre de moyennes proportionnelles entre deux quantités données, et le nombre des constructions qui pourront résoudre la question sera égal au nombre des rapports que présente la progression cherchée. S'il s'agit, par exemple, de construire deux moyennes, $\overline{KP}$, $\overline{KQ}$, entre $\overline{KA}$ et $\overline{KB}$, ce qui doit donner lieu aux trois rapports

$$\overline{KA} : \overline{KP} :: \overline{KP} : \overline{KQ} :: \overline{KQ} : \overline{KB},$$

il faut qu'on ait

$$\text{angle}\,\overline{AKP} = \text{angle}\,\overline{PKQ} = \text{angle}\,\overline{QKB},$$

le trait supérieur indiquant que ces angles sont en position homologue sur les bases AK, PK, QK. Or on peut y

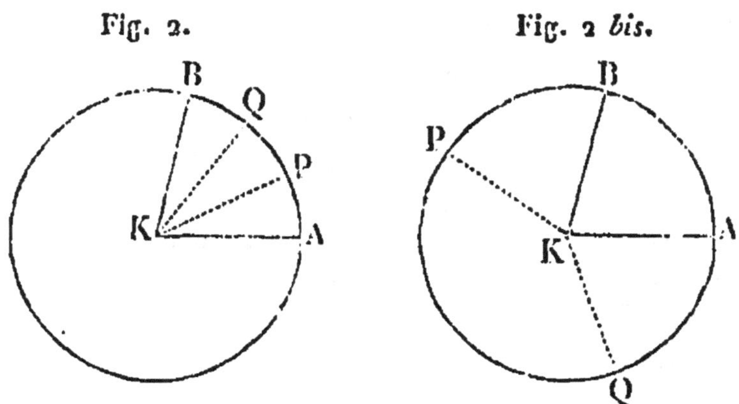

Fig. 2. Fig. 2 *bis*.

parvenir de trois manières, savoir, en divisant en trois parties égales : 1° l'angle AKB ; 2° l'angle AKB, plus une circonférence ; 3° l'angle AKB, plus deux circonférences,

Fig. 2 *ter*.

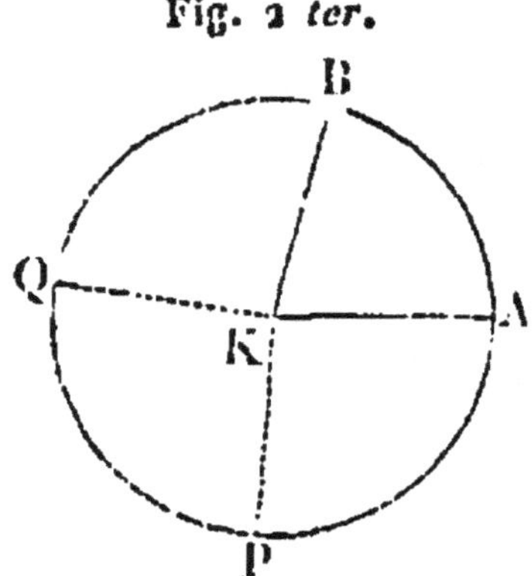


ce qui donnera les trois constructions représentées par les *fig.* 2, 2 *bis*, 2 *ter* (*).

5. Observons maintenant que, pour l'existence des relations qui viennent d'être établies entre les quantités $\overline{KA}$, $\overline{KB}$, $\overline{KC}$,..., il n'est pas nécessaire que le départ de la direction, qui constitue une partie de l'essence de ces quantités, soit fixé à un point unique K ; mais que

---

(*) Le principe sur lequel se fondent ces constructions, énoncé d'une manière générale, consiste en ce que le rapport de deux rayons $\overline{KP}$, $\overline{KQ}$, faisant entre eux un angle QKP, dépend de cet angle, lorsque l'on considère ces rayons comme tirés dans une certaine direction, et que ce rapport est le même que celui de deux autres rayons $\overline{KR}$, $\overline{KS}$, faisant entre eux le même angle; mais, quoique ce principe soit, en quelque manière, une extension de celui sur lequel on établit le rapport géométrique entre une ligne positive et une ligne négative, on ne le présente ici que comme une hypothèse, dont il restera à établir la légitimité, et dont, jusque-là, les conséquences devront être confirmées par une autre voie.

ces relations ont également lieu, si l'on suppose que chaque expression, comme $\overline{KA}$, désigne en général une grandeur égale à KA, et prise dans la même direction, comme $\overline{K'A'}$, $\overline{K''A''}$, $\overline{K'''A'''}$, $\overline{BK}$,... (*fig.* 3).

Fig. 3.

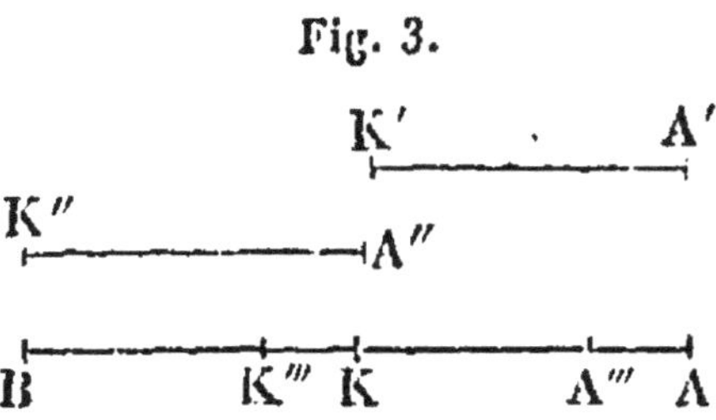


En effet, en suivant, à l'égard de cette nouvelle espèce de grandeurs, les raisonnements qui ont été faits plus haut, on verra que, si $\overline{KA}$, $\overline{K'A'}$, $\overline{K''A''}$,... sont des unités positives, $\overline{AK}$, $\overline{A'K'}$, $\overline{A''K''}$,... seront des unités négatives; que la moyenne proportionnelle entre $+1$ et $-1$ pourra être exprimée par une ligne quelconque, égale aux précédentes, perpendiculaire à leur direction, et qu'on pourra prendre à volonté dans l'un de ses deux sens, et ainsi de suite. On peut, pour aider les idées à se fixer, considérer un cas particulier, comme, par exemple, si l'on désigne par $\overline{KA}$ une force déterminée prise pour unité, et dont l'action s'exerce sur tous les points possibles, parallèlement à KA et dans le sens de K à A, cette unité pourra être exprimée par une ligne parallèle à KA, prise à partir d'un point quelconque. L'unité négative sera une force égale en action, et dont l'effet a lieu parallèlement à la même ligne, mais dans le sens de A à K, et pourra pareillement être exprimée par une ligne partant d'un point quelconque, laquelle sera prise en sens contraire de la précédente. Or il suffit que les qualités de positives et de négatives, que nous attribuons aux grandeurs d'une certaine espèce, dépendent de directions opposées entre lesquelles il en existe une moyenne, pour qu'on puisse y appliquer les idées développées ci-devant à l'égard des rayons partant d'un centre unique, et concevoir, entre toutes les lignes qui représenteront une telle espèce de grandeurs, les mêmes relations qu'ont offertes ces rayons.

6. En conséquence de ces réflexions, on pourra généraliser le sens des expressions de la forme $\overline{AB}$, $\overline{CD}$, $\overline{KP}$,..., et toute expression pareille désignera, par la suite, une ligne d'une certaine longueur, parallèle à une certaine direction, prise dans un sens déterminé entre les deux sens opposés que présente cette direction, et dont l'origine est à un point quelconque, ces lignes pouvant elles-mêmes être l'expression de grandeurs d'une autre espèce.

Comme elles doivent être le sujet des recherches qui vont suivre, il est à propos de leur appliquer une dénomination particulière. On les appellera *lignes en direction* ou, plus simplement, *lignes dirigées*. Elles seront ainsi distinguées des lignes *absolues*, dans lesquelles on ne considère que la longueur, sans aucun égard à la direction (*).

---

(*) L'expression de *lignes en direction* n'est qu'une abréviation de cette phrase : *lignes considérées comme appartenant à une certaine direction*. Cette remarque indique qu'on ne prétend point fonder de nouvelles dénominations, mais qu'on emploie cette façon de s'exprimer soit pour éviter la confusion, soit pour abréger le discours.

7. En rapportant aux dénominations d'usage les diverses espèces de lignes en direction qui s'engendrent d'une unité primitive $\overline{KA}$, on voit que toute ligne parallèle à la direction primitive est exprimée par un nombre réel, que celles qui lui sont perpendiculaires sont exprimées par des nombres imaginaires ou de la forme $\pm a\sqrt{-1}$, et, enfin, que celles qui sont tracées dans une direction autre que les deux précédentes appartiennent à la forme $\pm a \pm b\sqrt{-1}$, qui se compose d'une partie réelle et d'une partie imaginaire.

Mais ces lignes sont des quantités tout aussi réelles que l'unité primitive; elles en dérivent par la combinaison de l'idée de la direction avec l'idée de la grandeur, et elles sont, à cet égard, ce qu'est la ligne négative, qui n'est nullement regardée comme imaginaire. Les noms de *réel* et d'*imaginaire* ne s'accordent donc pas avec les notions qui viennent d'être exposées. Il est superflu d'observer que ceux d'*impossible* et d'*absurde*, qu'on rencontre quelquefois, y sont encore plus contraires. On peut d'ailleurs s'étonner de voir ces termes employés dans les sciences exactes autrement que pour qualifier ce qui est contraire à la vérité (*).

Une quantité absurde serait celle dont l'existence en-

---

(*) Il y a eu une époque où, conduits par la force de la vérité à admettre, dans les quantités abstraites, des valeurs négatives, les géomètres, ayant apparemment quelque difficulté à imaginer que *moins que rien* pût être quelque chose, donnèrent le nom de *fausses* aux valeurs dont il s'agit. Ce mot cessa d'être employé dans le sens qu'on y avait attaché, lorsqu'on eut rectifié les premières idées qui avaient donné lieu à cette dénomination vicieuse.

traînerait la vérité d'une proposition fausse : telle serait, par exemple, la quantité $x$ qui satisferait à la fois aux deux équations $x = 2$, $x = 3$, d'où s'ensuivrait $2 = 3$. En admettant une pareille quantité dans le calcul, on arriverait à des conséquences aussi contradictoires que l'équation $2 = 3$; mais les résultats obtenus par l'emploi des quantités dites *imaginaires* sont en tout conformes à ceux qu'on déduit des raisonnements dans lesquels on ne fait usage que de quantités réelles. On pouvait donc pressentir un vice dans les dénominations qui plaçaient dans la même classe les quantités vraiment absurdes et les racines d'ordre pair des quantités négatives, et c'est le sentiment secret de cette inconvenance qui a été le premier germe des idées qui reçoivent leur développement dans cet Essai (*). Nous sommes donc conduits à employer d'autres dénominations.

Observons que, quoiqu'il existe une infinité d'espèces différentes de lignes dérivées de l'unité primitive, on ramène, dans la pratique du calcul, et par les moyens dont nous nous occuperons bientôt, toutes les lignes en direction aux espèces $\overline{KA}$, $\overline{KC}$, $\overline{KB}$, $\overline{KD}$. $\overline{KA}$ est l'unité primitive ou positive; $\overline{KC}$ est l'unité négative; $\overline{KB}$ et $\overline{KD}$ sont les unités moyennes (*fig.* 4).

De plus il convient d'embrasser sous un même nom les espèces opposées, positives et négatives réciproques. La réunion de deux espèces ainsi relatives formera un

(*) Il est presque superflu d'observer qu'on ne parle ici que de la confusion qui existe dans les mots, et qu'on ne dit point que cette confusion soit aussi dans les idées.

*ordre.* Nous appellerons *ordre prime* celui que composent l'espèce primitive $\overline{KA}$ et sa négative $\overline{KC}$, et *ordre mé-*

Fig. 4.

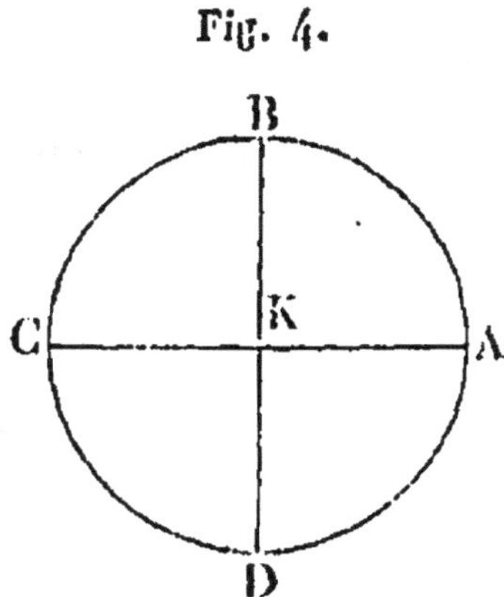


*diane* celui qui contient les espèces moyennes $\overline{KB}$ et $\overline{KD}$. Nous dirons aussi *quantité prime*, *quantité médiane*, pour *quantité de l'ordre prime, de l'ordre médiane.* Ces dénominations sont tirées de la génération de ces quantités et de la manière dont nous en concevons l'existence. On pourra donner le nom général d'*intermédianes* à toutes les autres, qu'il n'est pas nécessaire de désigner particulièrement (*).

(*) Il a été remarqué plus haut que les rapports qu'on dit exister entre les lignes, en vertu des directions auxquelles elles appartiennent, ne peuvent être regardés, quant à présent, que comme hypothétiques. On est donc fort éloigné de prétendre que les dénominations proposées dans cet article soient propres à remplacer celles que l'usage a consacrées; si on les emploie ici, c'est qu'en général il convient d'éviter de se servir de termes dont la signification propre soit contradictoire avec les idées qu'on veut exprimer, même lorsqu'il s'agit de supposition.

8. On pourrait aussi, d'après les idées qui précèdent, modifier l'expression des quantités dites *imaginaires*, de manière à donner plus de simplicité à cette partie de la notation.

Lorsqu'on écrit $+ a\sqrt{-1}$ ou $- a\sqrt{-1}$, on indique explicitement la génération de la quantité $\sqrt{-1}$, ce qui peut être bon dans certains cas; mais, pour l'ordinaire, on fait abstraction de cette génération, et $\sqrt{-1}$ n'est autre chose que l'espèce particulière d'unité à laquelle s'applique le nombre $a$. Il n'est donc pas essentiellement nécessaire de rappeler aux yeux cette génération. D'ailleurs l'expression $a\sqrt{-1}$ présente $\sqrt{-1}$ comme un facteur qui multiplie $a$; mais, au fond, $\sqrt{-1}$, dans $a\sqrt{-1}$, n'est pas plus un facteur que $+1$ dans $+a$ ou $-1$ dans $-a$. Or on n'écrit pas $+1.a$, $-1.a$, mais simplement $+a$, $-a$, et le signe qui précède $a$ indique lui-même quelle espèce d'unité exprime ce nombre. On peut donc employer un moyen semblable relativement aux quantités imaginaires, en écrivant, par exemple, $\sim a$ et $\not\sim a$, au lieu de $+a\sqrt{-1}$, $-a\sqrt{-1}$, les signes $\sim$ et $\not\sim$ étant positifs et négatifs réciproques.

Pour la multiplication de ces signes, on observera que, multipliés par eux-mêmes, ils donnent $-$, et que, par conséquent, multipliés l'un par l'autre, ils donnent $+$. On peut, d'ailleurs, établir une règle unique pour tous les signes, qui s'étend à un nombre quelconque de facteurs.

Qu'on affecte la valeur 2 à chacun des traits droits, soit perpendiculaires, soit horizontaux, qui entrent dans les signes à multiplier, et la valeur 1 à chacun des traits courbes : on aura, pour les quatre signes, les valeurs suivantes :

$$\sim\ = 1,$$
$$—\ = 2,$$
$$\div\ = 3,$$
$$\dashv\vdash\ = 4.$$

Cela posé, on prendra la somme de la valeur de tous les facteurs, et l'on en retranchera autant de fois 4 qu'il sera nécessaire pour que le reste soit un des nombres 1, 2, 3, 4; ce reste sera la valeur du signe du produit; et pareillement, pour la division, on retranchera la somme des traits du diviseur de celle des traits du dividende, à laquelle on aura ajouté, s'il le faut, un multiple de 4, et le reste indiquera le signe du quotient. Il est à remarquer que ces opérations sont des multiplications et divisions par logarithmes; cette analogie se mettra dans un plus grand jour.

Ces nouveaux signes abrégeraient la notation (*) et rendraient peut-être plus commode le calcul des quantités imaginaires, dans lequel il est quelquefois facile de commettre des erreurs relativement aux signes (**). On en

---

(*) La quantité $m + n\sqrt{-1}$ s'exprimant par $m \sim n$, ou par $m \div n$, l'un des signes $\sim$ ou $\div$ tiendrait lieu des quatre signes $+$, $\sqrt{}$, $-$, $1$.

(**) Qu'il s'agisse, par exemple, de multiplier $-m\sqrt{-c}$ par $+n\sqrt{-cd}$. Le produit des deux coefficients est $-mn$; celui des deux radicaux est $-c\sqrt{d}$; enfin le produit final est $+mnc\sqrt{d}$. Par les nouveaux signes, les deux quantités à multiplier s'exprimeraient par $\sim m\sqrt{c}$, $\div n\sqrt{cd}$, ou par $\div m\sqrt{c}$, $\sim n\sqrt{cd}$, et, au moyen

fera usage dans ce qui va suivre, sans prétendre pour cela qu'ils méritent d'être adoptés. On ne se dissimule point qu'il y a un inconvénient inhérent à toutes les innovations, même à celles qui sont fondées en raison; mais on ne perfectionnerait rien, si on les rejetait par cela seul qu'elles blessent les habitudes, et il est au moins permis d'essayer.

9. Nous allons maintenant examiner les différentes manières dont les lignes dirigées se combinent entre elles par addition et multiplication, et déterminer les constructions qui en résultent.

Supposons d'abord qu'on ait à ajouter à la ligne prime positive $\overline{KP}$ (*fig.* 5) la ligne également prime positive $\overline{KQ}$;

Fig. 5.

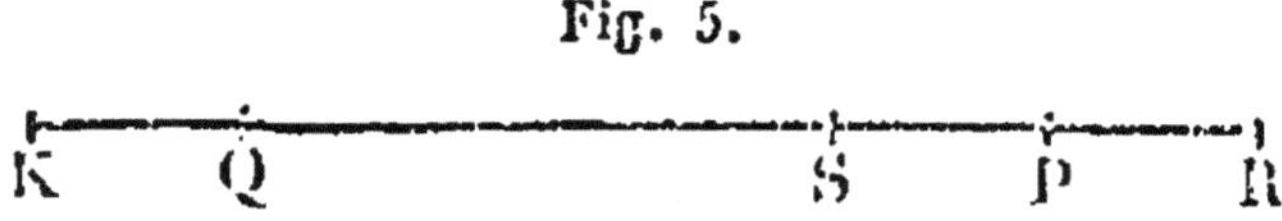


la construction ne différera point de celle qui serait employée pour trouver la somme des lignes absolues KP, KQ; elle consiste à prendre sur le prolongement de KP la longueur PR = KQ, et la somme cherchée sera KR. On aura donc

$$\overline{KP} + \overline{KQ} = \overline{KP} + \overline{PR} = \overline{KR}.$$

---

de la règle des lignes, on obtiendrait immédiatement $+ mnc\sqrt{d}$. Cet avantage, si toutefois c'en est un, serait nul pour un calculateur exercé, qui lit un produit à la simple inspection des facteurs; mais tout le monde n'a pas cette faculté.

Pour ajouter à une ligne prime négative $\overline{PK}$ une autre ligne négative $\overline{QK}$, la construction se fera comme ci-dessus, mais en sens inverse, et on aura

$$\overline{PK} + \overline{QK} = \overline{PK} + \overline{RP} = \overline{RK}.$$

En général, s'il s'agit d'ajouter deux lignes de la même espèce $\overline{AB}$, $\overline{AC}$, on prendra, dans la direction qui appartient à cette espèce, PQ = AB, QR = AC, et on aura

$$\overline{PQ} + \overline{QR} = \overline{AB} + \overline{AC} = \overline{PR}.$$

S'il s'agit d'ajouter à la ligne positive $\overline{KP}$ la ligne négative QK, on prendra, à partir du point P et dans le sens négatif, PS = QK, et l'on aura

$$\overline{KP} + \overline{QK} = \overline{KS} = \overline{QP}.$$

Il en serait de même pour un ordre quelconque.

Or le principe de ces constructions est de regarder le point d'arrivée P de la ligne $\overline{KP}$ comme le point de départ de la ligne à ajouter, et de prendre respectivement, pour points de départ et d'arrivée de la somme, le point de départ de $\overline{KP}$ et le point d'arrivée de la ligne à ajouter. En appliquant ce même principe aux lignes des autres ordres, on conclura que, les points K, P, R étant quelconques, on a toujours

$$\overline{KP} + \overline{PR} = \overline{KR};$$

et, comme chacune des lignes $\overline{KP}$, $\overline{PR}$ peut également être la somme de deux lignes, comme $\overline{KM} + \overline{MP}$, $\overline{PN} + \overline{NR}$, les points M, N étant à volonté, on tirera de là cette conclusion générale, que, A, B; M, N, O, . . . , R, S, T étant des points quelconques, on a

$$\overline{AB} = \overline{AM} + \overline{MN} + \overline{NO} + \overline{O\ldots} + \overline{\ldots\ldots} + \overline{\ldots R} + \overline{RS} + \overline{ST} + \overline{TB}.$$

Les points A, B, M, . . . peuvent coïncider, ou être tellement placés que les lignes $\overline{AM}$, $\overline{MN}$, . . . passent plusieurs fois par la même trace, se croisent entre elles, etc. Toutes ces circonstances sont indifférentes (*).

10. Toute ligne en direction peut ainsi être décomposée d'une infinité de manières.

Veut-on, par exemple, décomposer la ligne $\overline{KP}$ (*fig.* 6)

Fig. 6.

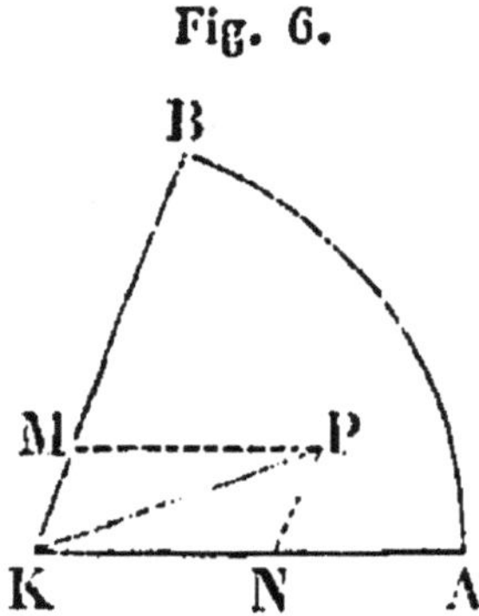


en deux parties, l'une de l'ordre $\overline{KA}$, l'autre de l'ordre $\overline{KB}$ : on tirera, sur KA, PN parallèle à BK, et on

(*) Cette règle est conclue par voie d'induction, et il faut lui appliquer ce qui a été dit, n° 4, note (*), relativement aux rapports géométriques des lignes dirigées.

aura

$$\overline{KP} = \overline{KN} + \overline{NP}.$$

On aurait pu également tirer PM parallèle à KA, et on aurait eu

$$\overline{KP} = \overline{KM} + \overline{MP};$$

mais ces deux expressions sont identiques, car $\overline{KM} = \overline{NP}$ et $\overline{KN} = \overline{MP}$. Ainsi, comme il n'y a que ces deux manières d'opérer la décomposition proposée, on en conclut que, si A et A′ sont de l'ordre $a$, B et B′ de l'ordre $b$, $a$ étant différent de $b$, et que l'on ait l'équation

$$A + B = A' + B',$$

il en résulte les deux équations $A = A'$, $B = B'$.

11. Passons à la multiplication des lignes dirigées, et proposons-nous d'abord de construire le produit $\overline{KB} \times \overline{KC}$

Fig. 7.

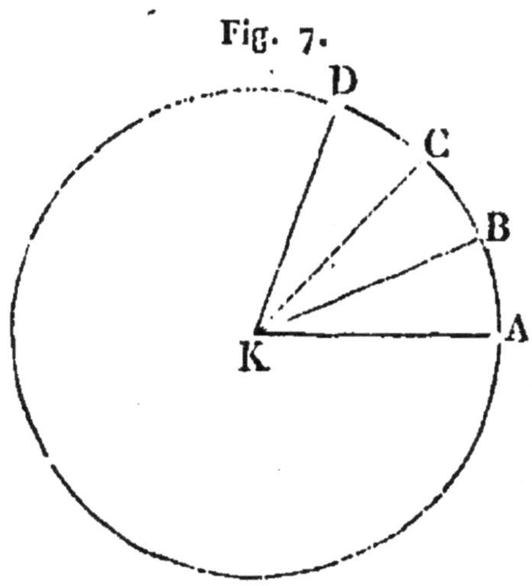


(*fig.* 7), dont les facteurs sont des unités non primes. Soit pris angle $\overline{CKD}$ = angle $\overline{AKB}$.

D'après ce qui a été dit plus haut, nº 4, note (*), on aura

$$\overline{KA} : \overline{KB} :: \overline{KC} : \overline{KD},$$

d'où

$$\overline{KA} \times \overline{KD} = \overline{KB} \times \overline{KC};$$

mais

$$\overline{KA} = +1,$$

donc

$$\overline{KB} \times \overline{KC} = \overline{KD}.$$

Ainsi, pour construire le produit de deux rayons dirigés, il faut prendre, à partir de l'origine des arcs, la somme des deux arcs qui appartiennent à ces rayons, et l'extrémité de l'arc-somme déterminera la position du rayon-produit : c'est encore une multiplication logarithmique. Il n'est pas nécessaire de montrer que cette règle a lieu pour un nombre quelconque de facteurs.

Si les facteurs ne sont pas des unités, on pourra les mettre sous la forme $m.\overline{KB}$, $n.\overline{KC}, \ldots$, $m, n, \ldots$ étant des coefficients ou lignes primes positives; et le produit sera

$$(mn\ldots).(\overline{KB}.\overline{KC}\ldots) = (mn\ldots).\overline{KP}.$$

Or le produit de la ligne prime positive $(mn\ldots)$ par le rayon $\overline{KP}$ n'est autre chose que cette même ligne tirée dans la direction de ce rayon.

La division s'opérera par une marche inverse, qu'il serait superflu de détailler.

**12.** Avec ces règles, on opérera une construction quelconque des lignes dirigées, comme on pratique celles des lignes absolues. On peut maintenant passer à quelques applications des principes qui viennent d'être exposés, et on énoncera d'abord quelques conséquences immédiates, qui sont de nature à avoir un emploi plus fréquent.

Fig. 8.

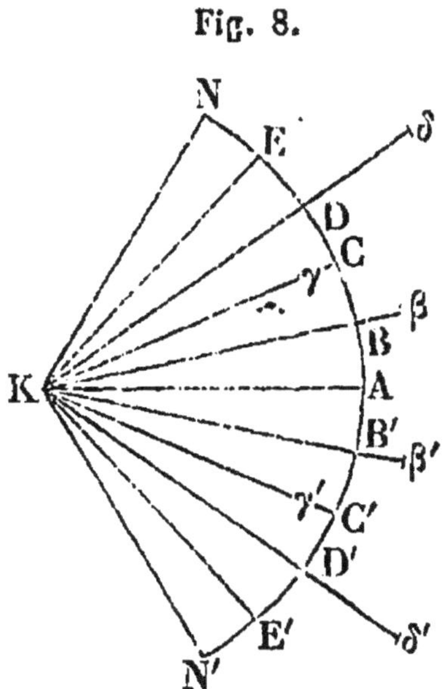


§ 1. Si AB, BC, ..., EN (*fig.* 8) sont des arcs égaux au nombre de $n$, et qu'on fasse

$$\overline{KB} = u,$$

on aura

$$\overline{KC} = u^2,$$

$$\overline{KD} = u^3,$$

$$\ldots\ldots\ldots,$$

$$\overline{KN} = u^n.$$

§ 2. Si l'on trace les arcs inférieurs AB′, B′C′, ...,

E′N′, on aura

$$\overline{KB'} = \frac{1}{u},$$

$$\overline{KC'} = \frac{1}{u^2},$$

$$\dots\dots\dots,$$

$$\overline{KN'} = \frac{1}{u^n}.$$

§ 3. Donc

$$\frac{\overline{KB}}{\overline{KB'}} = u^2,$$

$$\frac{\overline{KC}}{\overline{KC'}} = u^4,$$

$$\dots\dots\dots,$$

$$\frac{\overline{KN}}{\overline{KN'}} = u^{2n}.$$

§ 4. Si l'on prend, sur des rayons correspondants,

$$K\beta = K\beta',$$

$$K\gamma = K\gamma',$$

$$K\delta = K\delta',$$

$$\dots\dots\dots,$$

les longueurs $K\beta$, $K\gamma$, $K\delta$,... étant à volonté, on aura encore

$$\frac{\overline{K\beta}}{\overline{K\beta'}} = u^2,$$

$$\frac{\overline{K\gamma}}{\overline{K\gamma'}} = u^3,$$

$$\frac{\overline{K\delta}}{\overline{K\delta'}} = u^4,$$

. . . . . . . . . .

§ 5. Si l'on construit sur les rayons $\overline{KA}$, $\overline{KM}$, $\overline{KN}$, considérés comme bases, des figures égales et semblables, et que $\bar{a}$, $\bar{m}$, $\bar{n}$ soient des lignes homologues, on aura

$$\bar{m} = \bar{a} \times \overline{KM},$$
$$\bar{n} = \bar{a} \times \overline{KN}.$$

d'où

$$\frac{\bar{m}}{\overline{KM}} = \frac{\bar{n}}{\overline{KN}}, \quad \text{ou} \quad \bar{m}.\overline{KN} = \bar{n}.\overline{KM}.$$

§ 6. MN étant un arc pris dans un lieu quelconque de la circonférence, il peut être quelquefois commode de désigner, en général, par $\overline{K.MN}$ le rayon en direction tiré par l'extrémité B de l'arc AB = MN, A étant toujours l'origine des arcs. On aura ainsi

$$\overline{K.MN} \times \overline{K.PQ} = \overline{K.(MN + PQ)},$$

et

$$\frac{\overline{K.MN}}{\overline{K.PQ}} = \overline{K.(MN - PQ)}.$$

§ 7. Si $\overline{KB}$ est l'espèce à laquelle appartient une ligne en direction $\overline{PQ}$, on a

$$\overline{PQ} = PQ \times \overline{KB};$$

car on peut regarder la ligne absolue PQ comme prime positive.

§ 8. Si l'on a l'équation

$$r'.\overline{PQ} = r''.\overline{MN},$$

$r'$, $r''$ étant des rayons en direction inconnus, et $\overline{PQ}$, $\overline{MN}$ des lignes de même espèce ou des lignes absolues, il s'ensuit que

$$r' = r'',$$

et, par conséquent,

$$\overline{PQ} = \overline{MN}, \quad \text{ou} \quad \overline{PQ} = \overline{MN}.$$

Fig. 9.

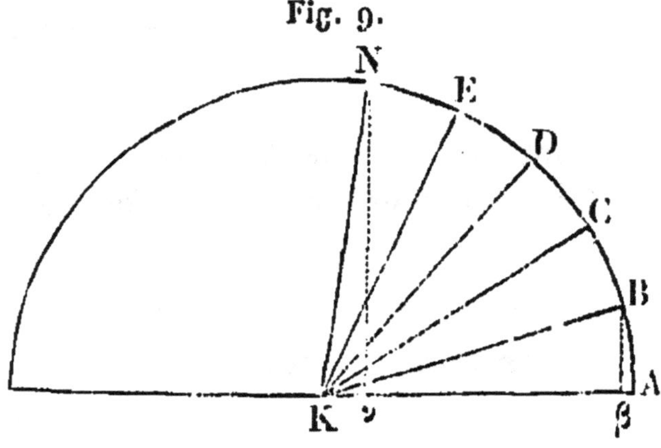


13. Soient maintenant AB, BC, ..., EN (*fig.* 9) des arcs égaux au nombre de $n$; on a

$$\overline{KN} = \overline{KB}^n;$$

mais

$$\overline{KN} = \overline{K\nu} + \overline{\nu N}, \quad \text{et} \quad \overline{KB} = \overline{K\beta} + \overline{\beta B};$$

donc

$$\overline{K\nu} + \overline{\nu N} = (\overline{K\beta} + \overline{\beta B})^n.$$

Faisons l'arc $AB = a$, et par conséquent $AN = na$,

$$\overline{K\beta} = \cos a, \qquad \overline{K\nu} = \cos na,$$
$$\overline{\beta B} = \sim \sin a, \quad \overline{\nu N} = \sim \sin na;$$

l'équation précédente devient

$$\cos na \sim \sin a = (\cos a \sim \sin a)^n.$$

Ce théorème, exprimé, avec la notation ordinaire, par

$$\cos na \pm \sqrt{-1} \,.\, \sin na = (\cos a \pm \sqrt{-1} \,.\, \sin a)^n,$$

est fondamental dans la théorie des fonctions circulaires; entre autres usages, il sert à exprimer en séries les valeurs de $\cos x$ et $\sin x$.

En développant le binôme, séparant les termes d'ordre différents, et divisant par $\sim 1$ l'équation donnée par les termes médianes, on a l'expression de $\cos na$ et $\sin na$; faisant ensuite $na = x$, et supposant que $n$ augmente et que $a$ diminue indéfiniment, $x$ restant constant, on obtient, par les limites,

$$\cos x = 1 - \frac{x^2}{2} + \frac{x^4}{2.3.4} - \frac{x^6}{2.3.4.5.6} + \ldots,$$
$$\sin x = x - \frac{x^3}{2.3} + \frac{x^5}{2.3.4.5} - \frac{x^7}{2.3.4.5.6.7} + \ldots.$$

14. De $\overline{KN} = \overline{KB}^n$ on tire

$$\overline{KB} = \overline{KN}^{\frac{1}{n}},$$

ou

$$\overline{K\beta} + \overline{\beta B} = (\overline{K\nu} + \overline{\nu N})^{\frac{1}{n}}$$

$$= \overline{K\nu}^{\frac{1}{n}} + \frac{1}{n}\overline{K\nu}^{\frac{1}{n}-1}.\overline{\nu N} + \frac{\frac{1}{n}\left(\frac{1}{n}-1\right)}{2}\overline{K\nu}^{\frac{1}{n}-2}.\overline{\nu N}^2$$

$$+ \frac{\frac{1}{n}\left(\frac{1}{n}-1\right)\left(\frac{1}{n}-2\right)}{2.3}\overline{K\nu}^{\frac{1}{n}-3}.\overline{\nu N}^3 + \ldots$$

$$= \overline{K\nu}^{\frac{1}{n}}\left[1 + \frac{1}{n}.\frac{\overline{\nu N}}{\overline{K\nu}} + \frac{\frac{1}{n}\left(\frac{1}{n}-1\right)}{2}.\left(\frac{\overline{\nu N}}{\overline{K\nu}}\right)^2\right.$$

$$\left. + \frac{\frac{1}{n}\left(\frac{1}{n}-1\right)\left(\frac{1}{n}-2\right)}{2.3}.\left(\frac{\overline{\nu N}}{\overline{K\nu}}\right)^3 + \ldots\right].$$

Substituant les valeurs précédentes et faisant attention que

$$\frac{\overline{\nu N}}{\overline{K\nu}} = \frac{\sim \sin na}{\cos na} = \sim \operatorname{tang} na,$$

on effectuera la séparation, et l'équation provenant des termes médianes, étant multipliée par $\frac{n}{\sim 1} = + n$, donnera, par la même supposition qui a été faite plus haut,

$$x = \operatorname{tang} x - \frac{\operatorname{tang}^3 x}{3} + \frac{\operatorname{tang}^5 x}{5} - \frac{\operatorname{tang}^7 x}{7} + \ldots.$$

15. Soient (*fig.* 10) les arcs $AB = a$, $AC = b$. Qu'on

Fig. 10.

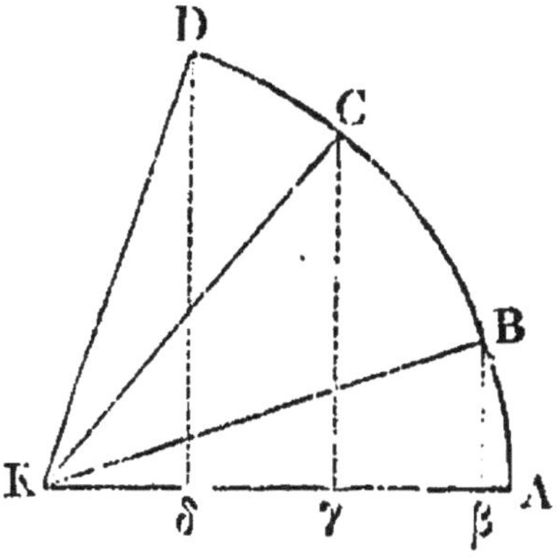

prenne $CD = AB$, on aura (n° **11**)

$$\overline{KD} = \overline{KB} \times KC;$$

mais

$$\overline{KD} = \overline{K\delta} + \overline{\delta D} = \cos(a + b) \sim \sin(a + b),$$

$$\overline{KB} = \overline{K\beta} + \overline{\beta B} = \cos a \sim \sin a,$$

$$\overline{KC} = \overline{K\gamma} + \overline{\gamma C} = \cos b \sim \sin b;$$

donc

$$\cos(a + b) \sim \sin(a + b) = (\cos a \sim \sin a)(\cos b \sim \sin b).$$

En effectuant la multiplication du second membre et séparant les ordres, on a

$$\cos(a + b) = \cos a \cos b - \sin a \sin b,$$

$$\sin(a + b) = \cos a \sin b + \sin a \cos b$$

**16.** Soient $AC = a$, $AB = b$ (*fig.* 11); menons la corde BC, et le rayon KD divisant en deux parties égales

Fig. 11.

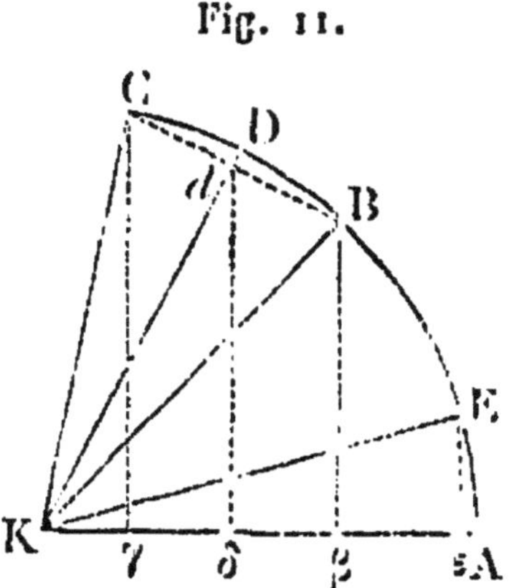


l'angle BKC. Prenons $AE = BD = \frac{a-b}{2}$, et tirons KE et Eε; nous aurons

$$\begin{aligned}
&\overline{K\gamma} + \overline{\gamma C} - (\overline{K\beta} + \overline{\beta B}) \\
&\quad = \cos a \sim \sin a - (\cos b \sim \sin b) \\
&\quad = \cos a - \cos b \sim (\sin a - \sin b) \\
&\quad = \overline{KC} - \overline{KB} = \overline{KC} + \overline{BK} = \overline{BC} = 2dC \\
&\quad = [\text{n}^\circ\ 12,\ \S\ 5]\ 2\,\overline{\varepsilon E} \times \overline{KD} \\
&\quad = \sim 2 \sin \frac{a-b}{2} \left( \cos \frac{a+b}{2} \sim \sin \frac{a+b}{2} \right);
\end{aligned}$$

donc

$$\cos a - \cos b = -2 \sin \frac{a-b}{2} \cdot \sin \frac{a+b}{2},$$

$$\sin a - \sin b = +2 \sin \frac{a-b}{2} \cdot \cos \frac{a+b}{2}.$$

17. Soit l'arc AN (*fig.* 12) divisé en $n$ parties égales. Les rayons $\overline{KA}$, $\overline{KB}$, $\overline{KC}, \ldots, \overline{KN}$ forment une progres-

Fig. 12.

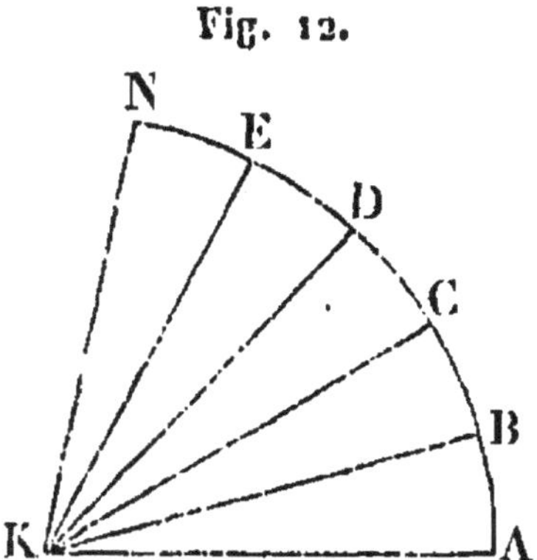


sion géométrique; mais les arcs correspondants sont en progression arithmétique. Ils peuvent donc être pris pour les logarithmes de ces rayons.

Posons $m.\text{AN} = \log \overline{\text{KN}}$, $m$ étant le module indéterminé; nous aurons d'abord

$$\log \overline{\text{KN}} = m.\text{AN} = mn.\text{AB}.$$

Supposons $n$ infini, de manière que l'arc AB puisse être considéré comme une droite perpendiculaire sur KA; on aura

$$\overline{\text{AB}} = \sim \text{AB}, \quad \text{ou} \quad \overline{\text{AB}} = \sim\!\!\!\!\!\mid\; \text{AB}$$

Ainsi

$$\log \overline{\text{KN}} = \sim\!\!\!\!\!\mid\; mn.\text{AB}, \quad \text{ou} \quad \log \overline{\text{KN}} = mn.\overline{\text{AB}};$$

car, vu l'indétermination de $m$, on peut mettre $m$ à la place de $\sim\!\!\!\!\!\mid\; m$; mais

$$\overline{\text{AB}} = \overline{\text{AK}} + \overline{\text{KB}} = -1 + \overline{\text{KN}}^{\frac{1}{n}};$$

donc

$$\log \overline{\mathrm{KN}} = mn\left(-1 + \overline{\mathrm{KN}}^{\frac{1}{n}}\right),$$

et, faisant $\overline{\mathrm{KN}} = 1 + x$,

$$\log(1+x) = mn\left[-1 + 1 + \frac{1}{n}x + \frac{\frac{1}{n}\left(\frac{1}{n}-1\right)}{2}x^2 + \frac{\frac{1}{n}\left(\frac{1}{n}-1\right)\left(\frac{1}{n}-2\right)}{2.3}x^3 + \ldots\right]$$

$$= m\left(x - \frac{x^2}{2} + \frac{x^3}{3} - \frac{x^4}{4} + \ldots\right).$$

Fig. 13.

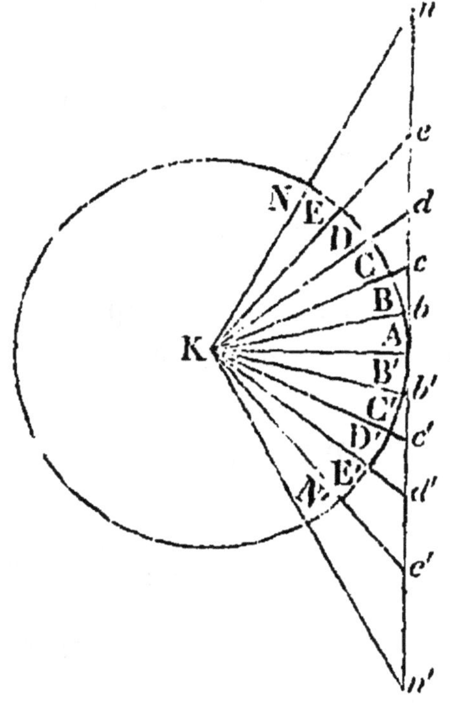


**18. Divisons maintenant les deux arcs égaux AN, AN'**

en $n$ parties égales; tirons la tangente $nn'$ et les sécantes $\mathrm{K}b$, $\mathrm{K}c, \ldots, \mathrm{K}n$; $\mathrm{K}b'$, $\mathrm{K}c', \ldots, \mathrm{K}n'$.

On a vu (nº 12, § 4) que, en faisant $\overline{\mathrm{KB}} = u$, il s'ensuit

$$\frac{\overline{\mathrm{K}b}}{\overline{\mathrm{K}b'}} = u^2, \quad \frac{\overline{\mathrm{K}c}}{\overline{\mathrm{K}c'}} = u^4, \ldots, \quad \frac{\overline{\mathrm{K}n}}{\overline{\mathrm{K}n'}} = u^{2n}.$$

Les quantités $\frac{\overline{\mathrm{KA}}}{\overline{\mathrm{KA}}}, \frac{\overline{\mathrm{K}b}}{\overline{\mathrm{K}b'}}, \frac{\overline{\mathrm{K}c}}{\overline{\mathrm{K}c'}}, \ldots, \frac{\overline{\mathrm{K}n}}{\overline{\mathrm{K}n'}}$ forment donc encore une progression géométrique, et les arcs correspondants peuvent être pris pour leurs logarithmes, savoir, $\mathrm{AN} = m \log \frac{\overline{\mathrm{K}n}}{\overline{\mathrm{K}n'}}$. Soit $\mathrm{AN} = x$, et, par conséquent,

$$\overline{\mathrm{K}n} = \overline{\mathrm{KA}} + \overline{\mathrm{A}n} = 1 \sim \operatorname{tang} x,$$

$$\overline{\mathrm{K}n'} = \overline{\mathrm{KA}} + \overline{\mathrm{A}n'} = 1 + \operatorname{tang} x;$$

on a immédiatement

$$x = m \log \frac{1 \sim \operatorname{tang} x}{1 + \operatorname{tang} x}.$$

Mais on a vu que l'arc

$$x = \operatorname{tang} x - \frac{\operatorname{tang}^3 x}{3} + \frac{\operatorname{tang}^5 x}{5} - \ldots;$$

donc

$$m \log \frac{1 \sim \operatorname{tang} x}{1 + \operatorname{tang} x} = \operatorname{tang} x - \frac{\operatorname{tang}^3 x}{3} + \frac{\operatorname{tang}^5 x}{5} - \ldots.$$

Soit $\sim \operatorname{tang} x = z$; l'équation devient

$$m \log \left(\frac{1+z}{1-z}\right) = \sim \left(z + \frac{z^3}{3} + \frac{z^5}{5} + \frac{z^7}{7} + \dots\right),$$

ou, en divisant les deux membres par $\sim 1$ et observant que, $m$ étant indéterminé, on peut écrire $m$ au lieu de $\frac{m}{\sim 1}$,

$$m \log \left(\frac{1+z}{1-z}\right) = z + \frac{z^3}{3} + \frac{z^5}{5} + \frac{z^7}{7} + \dots.$$

19. Reprenons l'équation

$$x = m \log \frac{1 \sim \operatorname{tang} x}{1 + \operatorname{tang} x},$$

et, faisant toujours $\sim \operatorname{tang} x = z$, écrivons $\frac{m}{\sim 2}$ au lieu de $m$, ce qui revient à conserver $m$ et à mettre $\sim 2x$ pour $x$ dans le premier membre de l'équation. Ces changements donnent

$$\sim 2x = m \log \frac{1+z}{1-z} = \log(1 + 2z + 2z^2 + 2z^3 + \dots),$$

et

$$\sim 2nx = m \log (1 + 2z + 2z^2 + 2z^3 + \dots)^n.$$

Faisons ensuite $\sim 2nx = y$, et supposons que, $y$ restant constant, $n$ devienne infiniment grand et $x$ infiniment petit; $z = \sim \operatorname{tang} x$ sera de même infiniment petit : ainsi on peut négliger, dans le développement de la puissance, les termes produits par la partie $2z^2 + 2z^3 + 2z^4 + \dots$ du second membre.

L'équation, dans cette supposition, se réduit donc à

$$y = m \log (1 + 2z)^n.$$

La même supposition donne

$$z = \sim \operatorname{tang} x = \sim x, \quad 2nz = \sim 2nx = y,$$

et, par conséquent, $2z = \frac{y}{n}$. On peut donc poser

$$\begin{aligned} y &= m \log \left(1 + \frac{y}{n}\right)^n \\ &= m \log \left(1 + n \cdot \frac{y}{n} + \frac{n(n-1)}{1.2} \cdot \frac{y^2}{n^2} + \frac{n(n-1)(n-2)}{1.2.3} \cdot \frac{y^3}{n^3} \right. \\ &\qquad \left. + \frac{n(n-1)(n-2)(n-3)}{1.2.3.4} \cdot \frac{y^4}{n^4} + \cdots \right), \end{aligned}$$

ou enfin, à cause de $n = \infty$,

$$y = m \log \left(1 + y + \frac{y^2}{2} + \frac{y^3}{2.3} + \frac{y^4}{2.3.4} + \cdots \right).$$

Fig. 14.

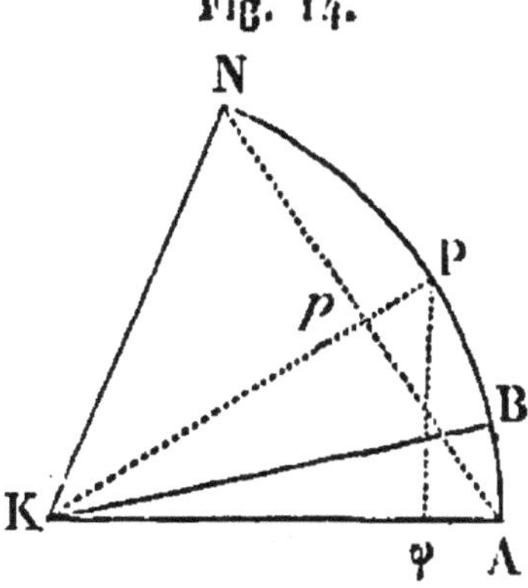


20. Concevons la division de l'arc AN (*fig.* 14) dans

un nombre infini $n$ de parties égales, dont AB est la première. Prenons $AP = \frac{1}{2} AN$, et tirons AN, KP et $P\varphi$.

Nous avons

$$\overline{AB} = \overline{AK} + \overline{KB} = -1 + \overline{KN}^{\frac{1}{n}}$$

$$= -1 + (\overline{KA} + \overline{AN})^{\frac{1}{n}} = -1 + (1 + \overline{AN})^{\frac{1}{n}}$$

$$= -1 + 1 + \frac{1}{n} \cdot \overline{AN} + \frac{\frac{1}{n}\left(\frac{1}{n} - 1\right)}{2} \cdot \overline{AN}^2$$

$$+ \frac{\frac{1}{n}\left(\frac{1}{n} - 1\right)\left(\frac{1}{n} - 2\right)}{2.3} \cdot \overline{AN}^3 + \cdots$$

$$= \frac{1}{n}\left(\overline{AN} - \frac{\overline{AN}^2}{2} + \frac{\overline{AN}^3}{3} - \frac{\overline{AN}^4}{4} + \cdots\right)$$

et

$$n.\overline{AB} = \overline{AN} - \frac{\overline{AN}^2}{2} + \frac{\overline{AN}^3}{3} - \frac{\overline{AN}^4}{4} + \cdots;$$

ensuite

$$n.\overline{AB} = \sim n.AB = \sim \text{arc } AN$$

et

$$\overline{AN} = 2\overline{pN} = [\text{n}^\text{o}\ 12, \S\ 5]\ 2\overline{\varphi P} \times \overline{KP}$$

$$= \sim 2 \sin \frac{AN}{2} \cdot \left(\cos \frac{AN}{2} \sim \sin \frac{AN}{2}\right),$$

ou, en faisant arc $\frac{AN}{2} = a$,

$$\overline{AN} = \sim 2 \sin a\,(\cos a \sim \sin a),$$

et, par conséquent,

$$\overline{AN}^2 = -(2\sin a)^2(\cos 2a \sim \sin 2a),$$
$$\overline{AN}^3 = +(2\sin a)^3(\cos 3a \sim \sin 3a),$$
$$\overline{AN}^4 = +(2\sin a)^4(\cos 4a \sim \sin 4a),$$
$$\overline{AN}^5 = \sim \ldots\ldots\ldots\ldots\ldots\ldots$$

En substituant ces valeurs dans la série ci-dessus, et n'y conservant que les termes médianes, puisque cette série est égale à $n.\overline{AB} = \sim 2a$, il viendra, en divisant par $\sim 1$,

$$2a = 2\sin a.\cos a + \frac{(2\sin a)^2 \sin 2a}{2}$$
$$- \frac{(2\sin a)^3 \cos 3a}{3} - \frac{(2\sin a)^4 \sin 4a}{4} + \ldots$$

La somme des termes primes devant être nulle, on a

$$o = -2\sin a.\sin a + \frac{(2\sin a)^2 \cos 2a}{2}$$
$$+ \frac{(2\sin a)^3 \sin 3a}{3} - \frac{(2\sin a)^4 \cos 4a}{4} - \ldots,$$

équation qui peut être divisée par $2\sin a$.

21. Divisons la circonférence en $n$ parties égales AB, BC, ..., GA (*fig.* 15); $n$ est maintenant un nombre fini. Nous nous proposons de déterminer la somme S des puissances du degré $m$ des rayons $\overline{KA}$, $\overline{KB}$, ..., $\overline{KG}$.

Soit $\overline{KB} = u$ et, par conséquent,

$$\overline{KC} = u^2, \quad \overline{KD} = u^3, \ldots, \quad \overline{KG} = u^{n-1},$$
$$\overline{KA} = u^n = 1;$$

on aura

$$S = 1 + u^m + u^{2m} + \ldots + u^{(n-1)m},$$

et

$$u^m S = u^m + u^{2m} + \ldots + u^{(n-1)m} + u^{nm};$$

mais

$$u^{nm} = (u^n)^m = 1^m = 1;$$

donc

$$u^m S = S \quad \text{et} \quad (u^m - 1) S = 0.$$

Fig. 15.

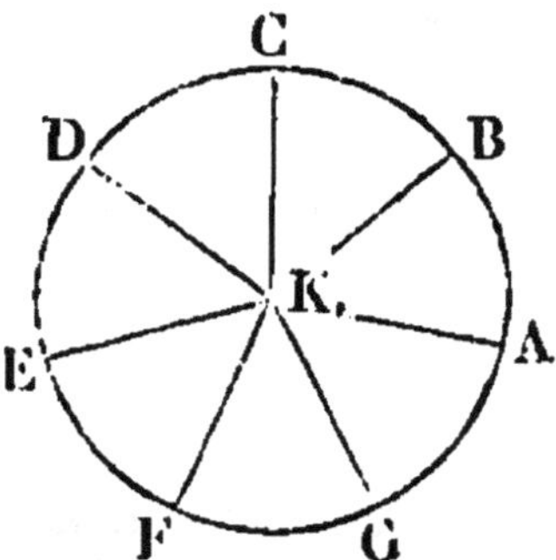


Si $u^m = 1$, cette équation devient identique et n'apprend rien; mais, dans ce cas, on a $u^{2m} = 1$, $u^{3m} = 1, \ldots$; ainsi $S = n$. Dans tous les autres cas, $S = 0$.

Si l'on dénote par $P', P'', P''', \ldots, P^{(n)}$ la somme des premières, secondes, ..., $n^{\text{ièmes}}$ puissances de quantités données, et par $\Pi', \Pi'', \Pi''', \ldots, \Pi^{(n)}$ la somme des produits un à un, deux à deux, ..., $n$ à $n$ de ces mêmes quantités, on sait que

$$n\Pi^{(n)} = P'\Pi^{(n-1)} - P''\Pi^{(n-2)} + P'''\Pi^{(n-3)} - \ldots$$
$$\pm P^{(n-3)}\Pi''' \mp P^{(n-2)}\Pi'' \pm P^{(n-1)}\Pi' \mp P^{(n)},$$

les signes supérieurs et inférieurs ayant respectivement lieu pour les cas de $n$ pair ou impair. La démonstration de ce théorème peut être ramenée à une simple transformation algébrique.

Si on l'applique aux rayons $\overline{KA}$, $\overline{KB}, \ldots, \overline{KG}$, qui sont au nombre de $n$, on aura

$$P' = 0, \quad P'' = 0, \quad P''' = 0, \ldots, \quad P^{(n-1)} = 0, \quad P^n = n;$$

donc

$$\Pi' = 0, \quad \Pi'' = 0, \ldots, \quad \Pi^{(n-1)} = 0, \quad n\Pi^{(n)} = \mp n,$$

et

$$\Pi^{(n)} = \mp 1 = -(-1)^n.$$

Ces propriétés se déduisent d'ailleurs de l'équation $x^n - 1 = 0$, dont les racines sont $\overline{KA}$, $\overline{KB}, \ldots, \overline{KG}$.

**22.** Prenons maintenant (*fig.* 16) un point V différent du centre K, et cherchons le produit des lignes absolues VA, VB, VC, ..., VG.

Puisque

$$\overline{VA} = \overline{VK} + \overline{KA}, \quad \overline{VB} = \overline{VK} + \overline{KB}, \ldots,$$

on a

$$\begin{aligned} &\overline{VA}.\overline{VB}.\overline{VC}\ldots\overline{VG} \\ &= (\overline{VK} + \overline{KA})(\overline{VK} + \overline{KB})\ldots(\overline{VK} + \overline{KG}) \\ &= \overline{VK}^n + \Pi'.\overline{VK}^{n-1} + \Pi''.\overline{VK}^{n-2} + \ldots \\ &\quad + \Pi^{(n-1)}.\overline{VK} + \Pi^{(n)}. \end{aligned}$$

Or nous venons de voir que les coefficients $\Pi'$, $\Pi''$,

Fig. 16.

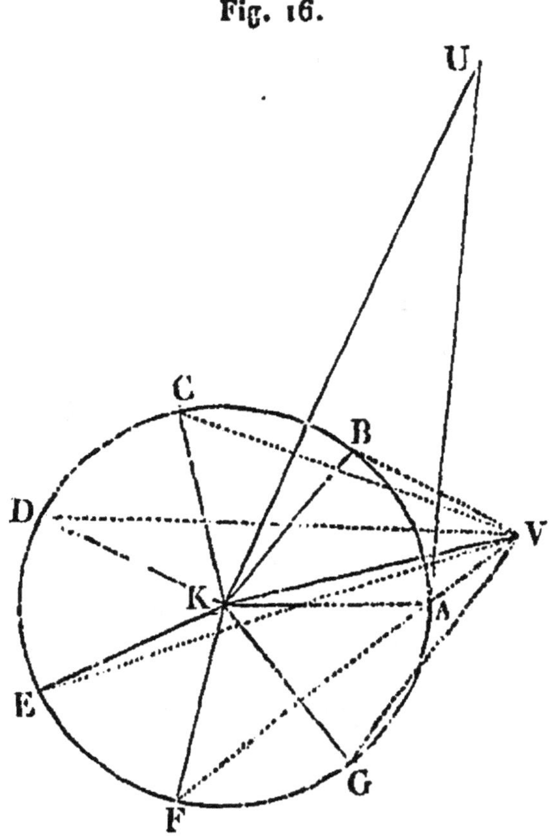


$\Pi'''$,..., jusqu'à $\Pi^{(n-1)}$ sont nuls et que $\Pi^{(n)} = -(-1)^n$. On a donc simplement

$$\overline{VA}.\overline{VB}.\overline{VC}\ldots\overline{VG} = \overline{VK}^n - (-1)^n$$
$$= (-\overline{KV})^n - (-1)^n$$
$$= (\overline{KV}^n - 1)(-1)^n.$$

Pour construire $\overline{KV}^n$, on multipliera par $n$ l'angle $\overline{AKV}$, ce qui donnera $\overline{AKU}$. On prendra $KU = KV^n$, et on aura

$\overline{KU} = \overline{KV}^n$. Par conséquent,

$$\overline{KV}^n - 1 = \overline{KU} - 1 = \overline{KU} - \overline{KA} = \overline{KU} + \overline{AK} = \overline{AU}.$$

Ainsi

$$\overline{VA}.\overline{VB}.\overline{VC}\ldots\overline{VG} = (-1)^n\,\overline{AU}.$$

En considérant VA, VB,..., VG et AU comme des lignes primes positives, on peut faire

$$\overline{VA} = r'.\mathrm{VA},$$
$$\overline{VB} = r''.\mathrm{VB},$$
$$\ldots\ldots\ldots\ldots,$$
$$\overline{VG} = r^{(n)}.\mathrm{VG},$$

et

$$\overline{AU} = \rho.\mathrm{AU},$$

$\rho$, $r'$, $r''$,.... $r^{(n)}$ étant des rayons en direction ou des racines de l'unité. On aura donc

$$r'.r''.r'''\ldots r^{(n)}.\mathrm{VA}.\mathrm{VB}.\mathrm{VC}\ldots\mathrm{VG} = (-1)^n\rho.\mathrm{AU}.$$

Ainsi (nº 12, § 8)

$$\mathrm{VA}.\mathrm{VB}\ldots\mathrm{VG} = \mathrm{AU}.$$

Soit actuellement $\mathrm{KV} = x$, $\mathrm{KU} = x^n$, angle $\mathrm{AKV} = a$.

angle AKU $= na$, angle AKB $= \frac{2\pi}{n}$. On trouvera

$$AU^2 = x^{2n} - 2x^n \cos na + 1,$$

et

$$VB^2 = x^2 - 2x \cos\left(a - \frac{2\pi}{n}\right) + 1,$$

$$VC^2 = x^2 - 2x \cos\left(a - \frac{4\pi}{n}\right) + 1,$$

$$VD^2 = x^2 - 2x \cos\left(a - \frac{6\pi}{n}\right) + 1,$$

$$\cdots\cdots\cdots\cdots\cdots\cdots\cdots\cdots,$$

$$VA^2 = x^2 - 2x \cos\left(a - \frac{2n\pi}{n}\right) + 1$$
$$= x^2 - 2x \cos a + 1,$$

et, en carrant l'équation

$$VA.VB\ldots VG = AU,$$

on aura

$$\begin{aligned} x^{2n} - 2x^n \cos na + 1 = & \left[x^2 - 2x\cos\left(a - \frac{2\pi}{n}\right) + 1\right] \\ & \times \left[x^2 - 2x\cos\left(a - \frac{4\pi}{n}\right) + 1\right] \\ & \times \left[x^2 - 2x\cos\left(a - \frac{6\pi}{n}\right) + 1\right] \\ & \times \cdots\cdots\cdots\cdots\cdots\cdots \\ & \times (x^2 - 2x\cos a + 1), \end{aligned}$$

les facteurs du second membre étant au nombre de $n$.

On tire de cette formule le développement des facteurs

rationnels du premier ou du second degré des binômes $x^n + 1$, $x^n - 1$, en faisant $\cos na = 1$ et $\cos na = 0$. Cet emploi étant connu, il sera superflu de s'y arrêter.

Fig. 17.

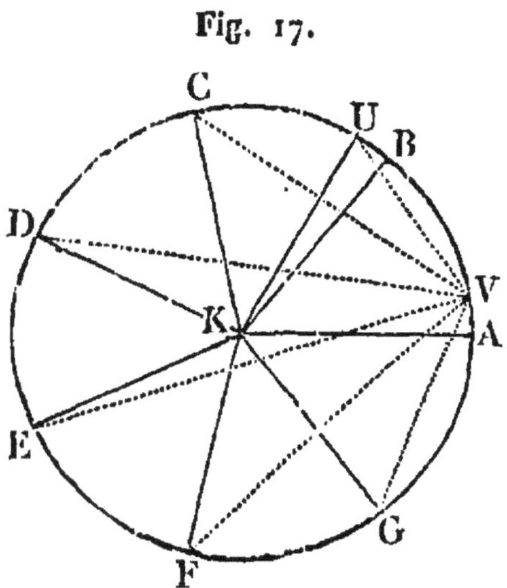


23. En plaçant le point V (*fig.* 17) sur la circonférence, on aura

$$AU = 2 \sin \frac{na}{2},$$

$$VA = 2 \sin \frac{a}{2},$$

$$VB = 2 \sin \left(\frac{\pi}{n} - \frac{a}{2}\right),$$

$$VC = 2 \sin \left(\frac{2\pi}{n} - \frac{a}{2}\right),$$

. . . . . . . . . . . . . . . . . . . . ,

$$VG = 2 \sin \left[\frac{(n-1)\pi}{n} - \frac{a}{2}\right].$$

Donc, en écrivant $a$ à la place de $\frac{a}{2}$, et mettant, pour l'uniformité,

$$\sin\left(\frac{n\pi}{n}-a\right)=\sin(\pi-a) \quad \text{pour} \quad \sin a,$$

il vient

$$2\sin na = 2^n.\sin\left(\frac{\pi}{n}-a\right)\sin\left(\frac{2\pi}{n}-a\right)\sin\left(\frac{3\pi}{n}-a\right)\ldots$$
$$\times\sin\left[\frac{(n-1)\pi}{n}-a\right]\sin\left(\frac{n\pi}{n}-a\right).$$

En faisant $a=\frac{\pi}{2n}-b$, on aura $na=\frac{\pi}{2}-nb$ et $\sin na=\cos nb$. La substitution de ces valeurs donnera

$$2\cos nb = 2^n.\cos\left[\frac{(n-1)\pi}{2n}-b\right]\cos\left[\frac{(n-3)\pi}{2n}-b\right]$$
$$\times\cos\left[\frac{(n-5)\pi}{2n}-b\right]\ldots$$
$$\times\cos\left\{\frac{[n-(2n-3)]\pi}{2n}-b\right\}$$
$$\times\cos\left\{\frac{[n-(2n-1)]\pi}{2n}-b\right\}.$$

24. Soit l'arc AB = arc AG (*fig.* 18); on a

$$\overline{KN}=\overline{KB}+\overline{BN}, \quad \text{et} \quad \overline{KN}=\overline{KG}+\overline{GN};$$

d'où l'on déduit, en observant que $\overline{BN}+\overline{GN}=0$ et que

$\overline{KG} = \overline{KB}^{-1}$,

$$2\,\overline{KN} = \overline{KB} + \overline{KB}^{-1}.$$

Fig. 18.

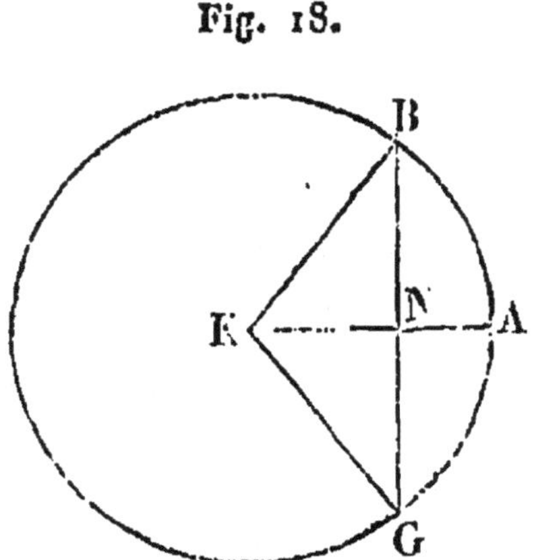


Élevons cette équation à la puissance $n$, $n$ étant supposé entier; elle devient

$$(2\,\overline{KN})^n = \overline{KB}^n + n.\overline{KB}^{n-2} + \frac{n(n-1)}{2}.\overline{KB}^{n-4} + \ldots$$
$$+ \frac{n(n-1)}{2}.\overline{KB}^{-n+4} + n.\overline{KB}^{-n+2} + \overline{KB}^{-n}.$$

Faisons l'arc AB $= a$, d'où

$$\overline{KN} = \cos a, \quad \overline{KB} = \cos a \sim \sin a,$$

et, en général,

$$\overline{KB}^m = \cos ma \sim \sin ma.$$

Substituons ces valeurs dans l'équation précédente, en supprimant dans le second membre les termes médianes, ce qu'on peut faire, puisque le premier membre n'en contient point de cet ordre; d'ailleurs ils se détruisent deux à deux. Nous aurons

$$
\begin{aligned}
(2\cos a)^n = \cos na &+ n\cos(n-2)a \\
&+ \frac{n(n-1)}{2}\cos(n-4)a + \ldots \\
&+ \frac{n(n-1)}{2}\cos(-n+4)a \\
&+ n\cos(-n+2)a + \cos(-na).
\end{aligned}
$$

Comme, en général, $\cos m = \cos(-m)$, les termes du second membre peuvent s'ajouter deux à deux; mais il faudra distinguer deux cas, selon que $n$ est pair ou impair.

Dans le premier cas, le nombre des termes du second membre est impair, et le terme du milieu reste isolé; ce terme est

$$
\frac{n(n-1)(n-2)\ldots\left[n-\left(\frac{n}{2}-1\right)\right]}{1.2.3\ldots\frac{n}{2}}\cos(n-n)a
$$

$$
= \frac{n(n-1)\ldots\left(\frac{n}{2}+1\right)}{1.2.3\ldots\frac{n}{2}}.
$$

Dans le second cas, tous les termes sont doublés, et, si l'on commence la série par $\cos na + \cos(-na) = 2\cos na$, le dernier terme sera

$$2 \cdot \frac{n(n-1)(n-2)\ldots\left[n-\left(\frac{n-1}{2}-1\right)\right]}{1.2.3\ldots\frac{n-1}{2}}\cos[n-(n-1)]a$$

$$= 2 \cdot \frac{n(n-1)(n-2)\ldots\frac{n+3}{2}}{1.2.3\ldots\frac{n-1}{2}}\cos a.$$

On trouvera de la même manière la valeur de $(2\sin a)^n$. On a

$$\overline{\mathrm{NB}} = \overline{\mathrm{NK}} + \overline{\mathrm{KB}}, \quad \overline{\mathrm{NG}} = \overline{\mathrm{NK}} + \overline{\mathrm{KG}};$$

mais $\overline{\mathrm{NG}} = -\overline{\mathrm{NB}}$ et $\overline{\mathrm{KG}} = \overline{\mathrm{KB}}^{-1}$; donc

$$2\overline{\mathrm{NB}} = \overline{\mathrm{KB}} - \overline{\mathrm{KB}}^{-1},$$

et

$$(2\overline{\mathrm{NB}})^n = \overline{\mathrm{KB}}^n - n.\overline{\mathrm{KB}}^{n-2} + \frac{n(n-1)}{2}.\overline{\mathrm{KB}}^{n-4} - \ldots$$
$$\pm \frac{n(n-1)}{2}.\overline{\mathrm{KB}}^{-n+4} \mp n.\overline{\mathrm{KB}}^{-n+2} \pm \overline{\mathrm{KB}}^{-n}$$
$$= (\sim 2\sin a)^n.$$

Les signes supérieurs et inférieurs ont respectivement lieu, suivant que $n$ est pair ou impair. Examinons d'abord le premier cas.

$(\sim 2\sin a)^n$ devenant de l'ordre prime, on négligera les termes médianes dans le développement du second membre, et on aura

$$\pm(2\sin a)^n = \cos na - n\cos(n-2)a + \frac{n(n-1)}{2}\cos(n-4)a - \ldots + \frac{n(n-1)}{2}\cos(-n+4)a - n\cos(-n+2)a + \cos(-na).$$

On prend + dans le premier membre, lorsque $n$ est de la forme $4m$, et — lorsque $n$ est de la forme $4m+2$.

Le terme du milieu, qui est $\dfrac{n(n-1)\ldots\left(\frac{n}{2}+1\right)}{1.2.3\ldots\frac{n}{2}}$,

comme dans la formule des cosinus, ne se double point.

Dans le second cas, $(\sim 2\sin a)^n$ est d'ordre médiane. Il faut donc supprimer les termes primes du second membre, ce qui donne, en divisant l'équation par $\sim 1$,

$$\pm(2\sin a)^n = \sin na - n\sin(n-2)a + \frac{n(n-1)}{2}\sin(n-4)a - \ldots - \frac{n(n-1)}{2}\sin(-n+4)a + n\sin(-n+2)a - \sin(-na).$$

Les signes + et — appartiennent respectivement aux cas où $n$ est de la forme $4m+1$ ou $4m+3$.

Ici tous les termes sont égaux deux à deux ; car, en général, $\sin m = -\sin(-m)$, et le nombre des termes est pair. En réunissant donc, comme ci-dessus, les termes égaux, la série se réduira à $\frac{n+1}{2}$ termes, dont le dernier sera

$$\frac{n(n-1)(n-2)\ldots\frac{n+3}{2}}{1.2.3\ldots\frac{n-1}{2}}\sin a.$$

23. Soit l'arc AN divisé en $n$ parties égales AB, BC,...,

Fig. 10

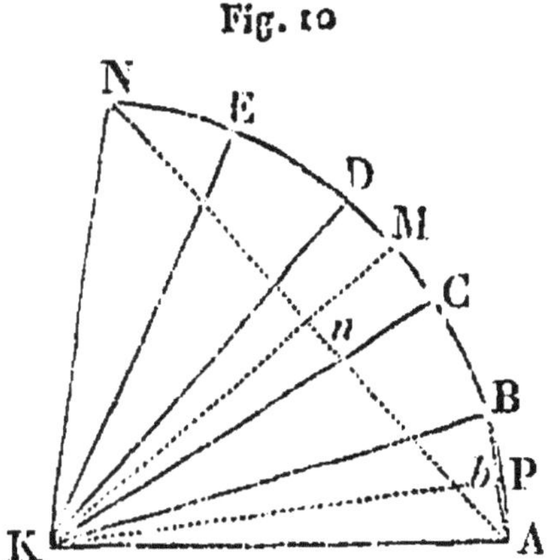


EN (*fig.* 19). Tirons AN et AB, divisés en deux parties égales en $n$ et $b$, et menons les rayons KM, KP.

On a

$$\overline{KB}+\overline{KC}+\overline{KD}+\ldots+\overline{KN}$$
$$=\cos a\sim\sin a+\cos 2a\sim\sin 2a+\cos 3a\sim\sin 3a$$
$$+\ldots+\cos na\sim\sin na$$
$$=C\sim S,$$

en faisant

$$C = \cos a + \cos 2a + \cos 3a + \ldots + \cos na,$$
$$S = \sin a + \sin 2a + \sin 3a + \ldots + \sin na.$$

Soit

$$\overline{KB} = u, \quad \overline{KC} = u^2, \ldots, \quad \overline{KN} = u^n;$$

on aura

$$\overline{KB} + \overline{KC} + \ldots + \overline{KN} = u + u^2 + u^3 + \ldots + u^n$$
$$= \frac{u^n - 1}{u - 1} . u = \frac{\overline{KN} - \overline{KA}}{\overline{KB} - \overline{KA}} . u$$
$$= \frac{\overline{KN} + \overline{AK}}{\overline{KB} + \overline{AK}} . u = \frac{\overline{AN}}{\overline{AB}} . u = \frac{\overline{nN}}{\overline{bB}} . u.$$

Mais (n° 12, § 4)

$$\overline{nN} = \sim \sin \frac{na}{2} \times \overline{KM} = \sim \sin \frac{na}{2} . u^{\frac{n}{2}},$$
$$\overline{bB} = \sim \sin \frac{a}{2} \times \overline{KP} = \sim \sin \frac{a}{2} . u^{\frac{1}{2}}.$$

Donc

$$C \sim S = \frac{\sim \sin \frac{na}{2} . u^{\frac{n}{2}}}{\sim \sin \frac{a}{2} . u^{\frac{1}{2}}} . u = \frac{\sin \frac{na}{2}}{\sin \frac{a}{2}} . u^{\frac{n+1}{2}}$$
$$= \frac{\sin \frac{na}{2}}{\sin \frac{a}{2}} \left( \cos \frac{n+1}{2} a \sim \sin \frac{n+1}{2} a \right).$$

Par la séparation, on obtient

$$C = \frac{\sin \frac{na}{2} \cdot \cos \frac{n+1}{2} a}{\sin \frac{a}{2}},$$

$$S = \frac{\sin \frac{na}{2} \cdot \sin \frac{n+1}{2} a}{\sin \frac{a}{2}}.$$

26. La même marche conduira à la réduction de

$$K = \cos a + \cos(a+b) + \cos(a+2b) + \ldots + \cos(a+nb),$$
$$\Sigma = \sin a + \sin(a+b) + \sin(a+2b) + \ldots + \sin(a+nb).$$

Pour cet effet, traçons les arcs AB $= a$, BC, CD, ..., EN $= b$ (*fig.* 20), ces derniers étant au nombre de $n$.

Fig. 20.

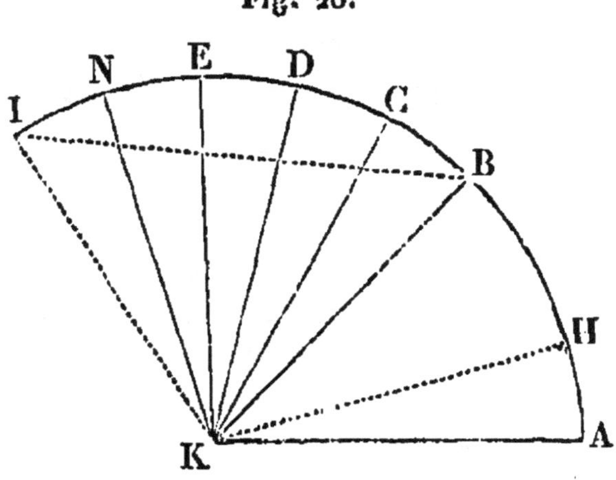


Prenons, de plus, pour la démonstration, AH = NI = $b$, et tirons BI et AH.

En faisant

$$\overline{\mathrm{KH}} = u, \quad \overline{\mathrm{KB}} = v,$$

nous aurons

$$\begin{aligned}
\overline{\mathrm{KC}} &= vu,\\
\overline{\mathrm{KD}} &= vu^2,\\
&\ldots\ldots\\
\mathrm{KN} &= vu^n,\\
\mathrm{KI} &= vu^{n+1}.
\end{aligned}$$

Donc

$$\begin{aligned}
\mathrm{K} \sim \Sigma &= v + vu + vu^2 + \ldots + vu^n\\
&= \frac{vu^{n+1} - v}{u - 1} = \frac{\overline{\mathrm{KI}} - \overline{\mathrm{KB}}}{\overline{\mathrm{KH}} - \overline{\mathrm{KA}}}\\
&= \frac{\overline{\mathrm{KI}} + \overline{\mathrm{BK}}}{\overline{\mathrm{KH}} + \overline{\mathrm{AK}}} = \frac{\overline{\mathrm{BI}}}{\overline{\mathrm{AH}}} = \frac{\frac{1}{2}\,\overline{\mathrm{BI}}}{\frac{1}{2}\,\overline{\mathrm{AH}}}\\
&= [\text{n}^\circ\,12, \S\,6]\,\frac{\sim \sin\left(\frac{n+1}{2}b\right).\overline{\mathrm{K}.\left(\mathrm{AB} + \frac{1}{2}\mathrm{BI}\right)}}{\sim \sin\frac{1}{2}b.\overline{\mathrm{K}.\,.\frac{1}{2}\mathrm{AH}}}\\
&= \frac{\sim \sin\left(\frac{n+1}{2}b\right).\overline{\mathrm{K}.\left(\mathrm{AB} + \frac{1}{2}\mathrm{BN}\right)}}{\sim \sin\frac{1}{2}b}\\
&= \frac{\sin\left(\frac{n+1}{2}b\right)}{\sin\frac{1}{2}b}\left[\cos\left(a + \frac{bn}{2}\right) \sim \sin\left(a + \frac{bn}{2}\right)\right],
\end{aligned}$$

et, par la séparation des termes hétérogènes,

$$K = \frac{\sin\left(\frac{n+1}{2}b\right)\cos\left(a+\frac{bn}{2}\right)}{\sin\frac{1}{2}b},$$

$$\Sigma = \frac{\sin\left(\frac{n+1}{2}b\right)\sin\left(a+\frac{bn}{2}\right)}{\sin\frac{1}{2}b}.$$

27. Ce qui précède est suffisant pour faire voir que la méthode dont on présente un essai peut être appliquée à la recherche des théorèmes trigonométriques. Elle pourrait aussi être de quelque usage dans la Géométrie élémentaire et dans l'Algèbre. On va donner un aperçu de cet emploi.

28. Traçons la *fig.* 21, dont la simplicité et le rapport

Fig. 21.

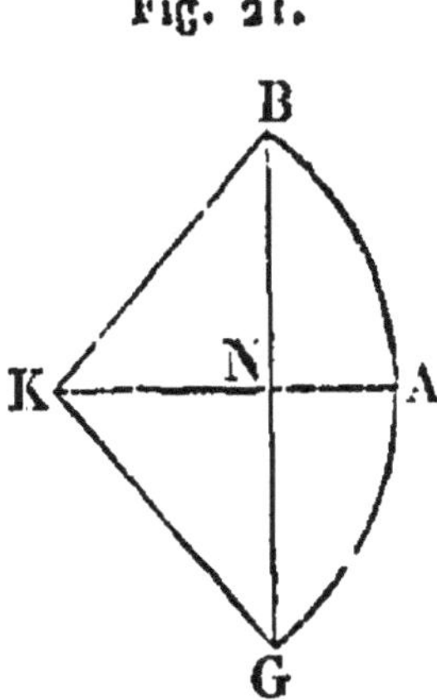


avec les figures précédentes dispensent d'explication. Il

résulte des règles de multiplication et d'addition que

$$\overline{KB} \times \overline{KG} = \overline{KA}^2,$$

et

$$\overline{KB} = \overline{KN} + \overline{NB},$$
$$\overline{KG} = \overline{KN} + \overline{NG}.$$

Donc

$$\overline{KA}^2 = (\overline{KN} + \overline{NB})(\overline{KN} + \overline{NG}).$$

Soit $KA = h$, $KN = a$, $NB = NG = b$. On a

$$h^2 = (a - b)(a + b) = a^2 + b^2.$$

29. Une corde dirigée quelconque $\overline{PQ}$ (*fig.* 22) est de

Fig. 22.

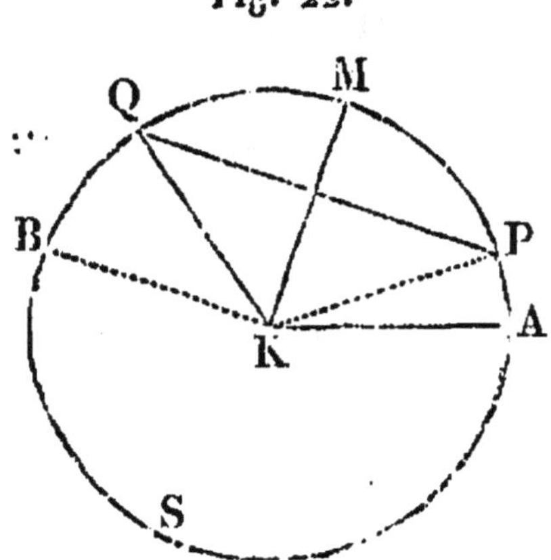


la même espèce que le rayon $\overline{KR}$, tiré dans la direction de cette corde. Or l'angle AKR est égal à $\frac{AP + AQ + \pi}{2}$;

car, tirant KM perpendiculaire sur PQ, on a

$$\text{arc AR} = \text{AP} + \text{PM} + \text{MR} = \text{AP} + \frac{1}{2}\text{PQ} + \frac{\pi}{2}$$

$$= \text{AP} + \frac{1}{2}(\text{AQ} - \text{AP}) + \frac{\pi}{2} = \frac{\text{AP} + \text{AQ} + \pi}{2}.$$

Le rayon $\overline{\text{KR}}$ peut donc s'exprimer (n° 12, § 6) par $\overline{\text{K.}\left(\frac{\text{AP}+\text{AQ}+\pi}{2}\right)}$, formule qui indiquera l'espèce à laquelle appartient la corde $\overline{\text{PQ}}$.

Cette expression donne lieu à une remarque. La corde $\overline{\text{PQ}}$ étant indéterminée, on pourrait changer les lettres P, Q l'une dans l'autre, et on aurait, pour l'espèce de la corde $\overline{\text{QP}}$,

$$\overline{\text{K.}\left(\frac{\text{AQ}+\text{AP}+\pi}{2}\right)},$$

expression identique à la précédente; car

$$\text{AP} + \text{AQ} = \text{AQ} + \text{AP}.$$

On tirerait de là cette conclusion, que $\overline{\text{PQ}}$ et $\overline{\text{QP}}$ sont de la même espèce, ce qui n'est pas, puisqu'elles sont, au contraire, positives et négatives réciproques. Pour avoir la solution de cette difficulté, il faut observer que la désignation d'un arc par les deux points qui le terminent, comme AP, convient à une infinité d'arcs, savoir AP $+ 2n\pi$, $n$ étant un entier quelconque. On doit donc, dans les expressions dont il s'agit, choisir celui de ces arcs qui se rapporte à la construction qui a été suivie pour trouver la formule générale.

Supposons que le point Q se meuve dans le sens de QRS jusqu'à ce qu'il vienne se placer en P, et qu'en même temps le point P soit transporté en Q, en suivant le même sens. La corde $\overline{PQ}$ sera alors ce qu'était la corde $\overline{QP}$ dans l'état primitif de la figure. L'espèce de cette corde $\overline{PQ}$ sera toujours $\overline{K.\left(\frac{AP + AQ + \pi}{2}\right)}$; mais, dans cette dernière expression, l'arc AP doit être pris en parcourant, depuis A, une circonférence entière $2\pi$, plus l'arc AP proprement dit, en sorte que cette expression diffère réellement de la précédente, de la quantité $\frac{2\pi}{2} = \pi$, ainsi que cela doit être.

Pour éviter toute ambiguïté, il suffit, dans la formule générale

$$\text{corde } \overline{PQ} \textit{ est de l'espèce } \overline{K.\left(\frac{AP + AQ + \pi}{2}\right)},$$

de regarder l'arc AQ comme plus grand que l'arc AP, en allant d'abord de A en P, dans le sens qu'on voudra, pour déterminer l'arc AP, et de continuer la trace, en suivant le même sens, jusqu'à ce qu'on rencontre le point Q. On pourrait aussi, au lieu de $\overline{K.\left(\frac{AP + AQ + \pi}{2}\right)}$, écrire $\overline{K.\left(\frac{2AP + PQ + \pi}{2}\right)}$, les arcs AP et PQ devant être pris dans le même sens.

On peut ajouter à ce qui précède que, la corde $\overline{PQ}$ étant divisée en deux parties quelconques dans un point N, la partie $\overline{NQ}$ est de la même espèce $\overline{K.\left(\frac{AP+AQ+\pi}{2}\right)}$, et la partie $\overline{NP}$, qui est négative par rapport à $\overline{NQ}$, sera de l'espèce $\overline{K.\left(\frac{AP+AQ+\pi}{2}-\pi\right)}=\overline{K.\left(\frac{AP+AQ-\pi}{2}\right)}$. Donc, si on se rappelle qu'en général le produit de deux lignes des espèces $\overline{K.FG}$, $\overline{K.HI}$ est de l'espèce $\overline{K.(FG+HI)}$, on en conclura que le produit $\overline{NP}.\overline{NQ}$ sera de l'espèce $\overline{K.(AP+AQ)}$.

30. Prenons maintenant quatre points P, Q, R, S, qu'on suppose d'abord être dans une situation quelconque; on peut former cette suite d'équations :

$$
\begin{aligned}
\overline{PS}.\overline{QR}+\overline{RS}.\overline{PQ} &= \overline{PS}.\overline{QR}+(\overline{RQ}+\overline{QS})(\overline{PS}+\overline{SQ}) \\
&= \overline{PS}.\overline{QR}+\overline{RQ}.\overline{PS}+\overline{RQ}.\overline{SQ}+\overline{QS}.\overline{PS}+\overline{QS}.\overline{SQ} \\
&= \overline{RQ}.\overline{SQ}+\overline{QS}.\overline{PS}+\overline{QS}.\overline{SQ} \\
&= \overline{QS}(\overline{QR}+\overline{PS}+\overline{SQ}) \\
&= \overline{QS}.\overline{PR}.
\end{aligned}
$$

Pour suivre cet enchaînement, il faut se souvenir qu'en général $\overline{MN}=-\overline{NM}$.

Actuellement, si la position des points P, Q, R, S est telle, que les trois produits qui entrent dans l'équation finale

$$\overline{PS}.\overline{QR}+\overline{RS}.\overline{PQ}=\overline{QS}.\overline{PR}$$

soient de la même espèce, cette équation aura lieu en lignes absolues. Or cette condition sera remplie, si les points dont il s'agit sont pris, dans l'ordre P, Q, R, S, sur la circonférence du cercle, auquel cas PQ, QR, RS, PS sont les côtés d'un quadrilatère, dont PR, QS sont les diagonales. En effet, ces côtés et ces diagonales étant autant de cordes tirées dans le cercle, on pourra, par la formule contenue au numéro précédent, former le tableau suivant, l'origine des arcs A étant supposée précéder immédiatement le point P :

| Cordes. | Espèces. |
| --- | --- |
| $\overline{PS}$ | $\overline{K.\left(\frac{AP + AS + \pi}{2}\right)}$ |
| $\overline{QR}$ | $\overline{K.\left(\frac{AQ + AR + \pi}{2}\right)}$ |
| $\overline{RS}$ | $\overline{K.\left(\frac{AR + AS + \pi}{2}\right)}$ |
| $\overline{PQ}$ | $\overline{K.\left(\frac{AP + AQ + \pi}{2}\right)}$ |
| $\overline{QS}$ | $\overline{K.\left(\frac{AQ + AS + \pi}{2}\right)}$ |
| $\overline{PR}$ | $\overline{K.\left(\frac{AP + AR + \pi}{2}\right)}$ |

et, au moyen de l'ordre supposé entre les points A, P, Q, R, S, il n'y aura point d'ambiguïté dans ces expressions, puisque les six cordes sont toutes prises dans le même sens.

Donc, en vertu du principe rappelé plus haut, les trois produits $\overline{PS}.\overline{QR}$, $\overline{RS}.\overline{PQ}$, $\overline{QS}.\overline{PR}$ appartiennent à une espèce unique, dont l'indice est

$$\overline{K.\left(\frac{AP + AQ + AR + AS + 2\pi}{2}\right)}.$$

Ainsi l'on a effectivement, en lignes absolues,

$$PS.QR = RS.PQ + QS.PR.$$

Cette démonstration, beaucoup moins simple que celle de la méthode ordinaire, qui n'emploie que la considération des triangles semblables, n'est présentée ici que comme exemple de l'emploi des quantités intermédianes, dont nous avons fait peu d'usage.

31. On se propose, dans ce dernier article, de démontrer que tout polynôme de la forme

$$X^n + aX^{n-1} + bX^{n-2} + \ldots + fX + g$$

est décomposable en facteurs du premier degré $X + \alpha$. Il faut observer que les lettres $a$, $b$, ..., $g$ ne sont point restreintes ici à ne représenter que des nombres primes, comme cela a lieu à l'ordinaire.

On sait que la question se réduit à prouver qu'on peut toujours trouver un nombre qui, pris pour X, rende égal à zéro le polynôme proposé, que nous faisons $= Y$.

Dénotons par $Y_{(p)}$, $Y_{(p+\rho i)}$ les valeurs de Y qui résultent des suppositions $X = p$, $X = p + \rho i$, $p$ et $i$ étant des nombres pris à volonté, et $\rho$ exprimant un rayon en direction ou une racine de l'unité indéterminée. On aura

$$\begin{aligned} Y_{(p)} &= p^n + ap^{n-1} + bp^{n-2} + \ldots + g, \\ Y_{(p+\rho i)} &= (p + \rho i)^n + a(p + \rho i)^{n-1} + b(p + \rho i)^{n-2} \\ &\quad + \ldots + g \\ &= Y_{(p)} + i\rho Q + i^2\rho^2 R + i^3\rho^3 S + \ldots, \end{aligned}$$

Q, R, S,... étant des quantités connues, dépendant de $p$, $n$, $a$, $b$, $c$,..., qui s'obtiennent par le développement des puissances de $p + \rho i$. Si l'on suppose $i$ infiniment petit, les termes affectés de $i^2$, $i^3$,... disparaissent, et l'on a simplement

$$Y_{(p+\rho i)} = Y_{(p)} + i\rho Q.$$

Soit $\overline{KP}$ l'espèce à laquelle appartient $Y_{(p)}$. Qu'on prenne $\rho$ de manière que $i\rho Q$ soit de l'espèce $\overline{PK}$, c'est-à-dire du même ordre que $Y_{(p)}$, mais négative par rapport à cette dernière quantité ; il s'ensuivra que la grandeur de $Y_{(p+\rho i)}$ sera plus petite que celle de $Y_{(p)}$ ; par la même marche, on obtiendra une nouvelle valeur de Y, qui sera plus petite que celle de $Y_{(p+\rho i)}$, et ainsi de suite. Donc on parviendra à une valeur de X, qui donnera $Y = 0$.

Il faut remarquer, pour l'intégrité de la démonstration, que le terme $i\rho Q$ peut devenir nul. Dans ce cas, on doit conserver le terme suivant $i^2\rho^2 R$, ou, à défaut de celui-ci, $i^3\rho^3 S$, et ainsi de suite. Le raisonnement sera toujours le même, puisque les puissances $\rho^2$, $\rho^3$,... sont des quantités de la même nature que $\rho$.

32. La méthode dont on vient d'exposer l'essai repose sur deux principes de construction, l'un pour la multiplication, l'autre pour l'addition des lignes dirigées; et il a été observé que, ces principes résultant d'inductions qui ne possèdent pas un degré suffisant d'évidence, ils ne pouvaient, quant à présent, être admis que comme des hypothèses, que leurs conséquences ou des raisonnements plus rigoureux pourront faire admettre ou rejeter.

On aurait pu donner plus de développement aux idées qui ont conduit à ces résultats. On aurait pu, par quelques rapprochements, montrer que certains points de théorie, en Algèbre et en Géométrie, portent sur des principes admis par induction, et dont la certitude est établie plutôt par l'exactitude des conséquences qui en découlent que par les raisonnements sur lesquels on les fonde; mais cette discussion n'eût rien ajouté d'essentiel à ce qui précède, et on se borne à proposer la méthode des directions comme *un moyen de recherches*, qui, dans certains cas, peut être utilement employé, à cause de l'avantage qu'ont les constructions géométriques de présenter aux yeux un tableau propre à faciliter quelquefois les opérations intellectuelles. Il sera d'ailleurs toujours possible de traduire dans le langage accoutumé les démonstrations tirées de cette méthode.

FIN.

# APPENDICE.

Extraits des *Annales de Mathematiques* de Gergonne, tome IV, 1813-1814, et tome V, 1814-1815.

# APPENDICE.

## EXTRAITS DES *Annales de Mathématiques* DE GERGONNE, tome IV, 1813-1814, et tome V, 1814-1815.

### I.

*Nouveaux principes de Géométrie de position, et interprétation géométrique des symboles imaginaires*, par J.-F. FRANÇAIS, professeur à l'École impériale de l'Artillerie et du Génie (*).

Il est si naturel de considérer à la fois, en Géométrie, la grandeur et la position des lignes, que, dès qu'on a commencé à cultiver cette science, on a dû avoir besoin d'exprimer des rapports de grandeur et des rapports de position entre les différentes lignes composant une figure quelconque. J'ose dire qu'il est surprenant, d'après cela, que les premiers principes de la *Géométrie de position* ne soient pas encore complétement établis. Cette assertion elle-même pourra, au premier abord, sembler exagérée et paradoxale; mais j'espère que sa vérité sera mise hors de doute par les détails qui vont suivre.

NOTATION 1re. Nous représenterons ici la grandeur absolue d'une droite par une simple lettre, comme $a, b, c, \ldots, x, y, z, \ldots$; et, pour indiquer à la fois la grandeur et la position d'une droite, nous affecterons la lettre destinée à désigner sa valeur absolue d'un indice exprimant l'angle que fait cette droite avec une droite fixe et indéfinie, prise arbitrairement, et qui pourra être consi-

(*) *Annales de Mathématiques*, t. IV, p. 61-71.

dérée comme l'axe des abscisses positives. Ainsi, par exemple, $a_\alpha$, $b_\beta$, ..., $x_\xi$, $y_\upsilon$, ... représenteront des droites dont les grandeurs absolues sont $a$, $b$, ..., $x$, $y$, ..., et qui font respectivement avec l'axe des $x$ positives des angles $\alpha$, $\beta$, ..., $\xi$, $\upsilon$, .... Cette distinction est nécessaire, afin de ne pas confondre une idée composée avec une idée simple, une grandeur donnée de position avec une grandeur absolue.

Définition 1re. Nous appellerons *rapport de grandeur* le rapport numérique entre les grandeurs de deux droites, et *rapport de position* l'inclinaison des deux droites l'une vers l'autre, ou l'angle qu'elles font entre elles. Pour comparer entre elles deux droites données à la fois de grandeur et de position, il faut considérer non-seulement le rapport que leurs grandeurs ont entre elles, mais encore comment ces droites sont placées l'une relativement à l'autre; c'est ce qu'exprime notre rapport de position.

Définition 2. Nous dirons que quatre droites sont *en proportion de grandeur et de position*, lorsque entre les deux dernières il y aura même *rapport de grandeur* et même *rapport de position* qu'entre les deux premières. Ainsi il ne suffit pas, pour qu'il y ait proportion de grandeur et de position entre quatre droites, que le rapport dit *géométrique* entre le second antécédent et son conséquent soit le même que celui qui existe entre le premier antécédent et son conséquent; il faut, en outre, que le rapport que nous avons appelé *rapport de position* soit aussi le même.

*Exemple.* Ainsi, pour avoir la proportion de grandeur et de position

$$a_\alpha : b_\beta :: c_\gamma : d_\delta,$$

il faut qu'on ait à la fois

$$\frac{b}{a} = \frac{d}{c}, \quad \text{et} \quad \beta - \alpha = \delta - \gamma.$$

Corollaire 1er. Il suit de là que, dans une proportion de grandeur et de position, les grandeurs absolues des droites sont en *proportion géométrique*, tandis que les angles que font ces mêmes droites avec l'axe des abscisses positives sont en *proportion arithmétique*.

Corollaire 2. Il s'ensuit encore que, dans deux figures semblables, disposées d'une manière quelconque sur un plan, les côtés homologues sont en proportion de grandeur et de position; car les grandeurs absolues de ces côtés sont en proportion géométrique, et les angles qu'ils forment deux à deux sont égaux.

*Remarque*. L'idée de proportionnalité, en Géométrie, est fondée sur la similitude des figures; notre définition 2ᵉ repose donc sur un principe fondamental de la Géométrie ordinaire, et nous ne faisons qu'exprimer, *d'une manière explicite*, la double circonstance de la proportionnalité des côtés homologues et de l'égalité des angles compris entre ces côtés.

Définition 3. Lorsque, dans une proportion de grandeur et de position, le conséquent du premier rapport devient en même temps l'antécédent du second, la *proportion de grandeur et de position* est dite *continue*; et une suite de termes, dont trois consécutifs quelconques forment une proportion continue de grandeur et de position, est une *progression de grandeur et de position*. Ainsi une suite de droites en progression géométrique ordinaire ne forme une progression de grandeur et de position que lorsque les angles que les droites consécutives font entre elles sont égaux.

*Exemple Iᵉʳ*. Pour avoir la proportion continue de grandeur et de position

$$a_\alpha : b_\beta :: b_\beta : c_\gamma,$$

il faut que l'on ait à la fois

$$\frac{b}{a} = \frac{c}{b}, \quad \text{et} \quad \beta - \alpha = \gamma - \beta.$$

Corollaire 1ᵉʳ. Donc, pour qu'une droite $b_\beta$ soit moyenne proportionnelle de grandeur et de position entre $a_\alpha$ et $c_\gamma$, il faut qu'on ait

$$\beta = \frac{1}{2}(\alpha + \gamma);$$

en sorte que $b_\beta$ partage en deux parties égales l'angle formé par les droites $a_\alpha$, $c_\gamma$.

*Exemple II*. Pour avoir la progression de grandeur et de position

$$\div a_\alpha : b_\beta : c_\gamma : \ldots : l_\lambda : m_\mu,$$

il faut qu'on ait à la fois

$$\frac{b}{a} = \frac{c}{b} = \ldots = \frac{m}{l},$$

et

$$\beta - \alpha = \gamma - \beta = \ldots = \mu - \lambda.$$

COROLLAIRE 2. Donc, dans une progression de grandeur et de position, les grandeurs absolues des droites sont en progression géométrique, tandis que les angles qu'elles font avec l'axe des abscisses positives croissent en progression arithmétique.

NOTATION 2. Nous pouvons maintenant séparer, dans la notation, ce qui est relatif à la grandeur absolue d'une droite de ce qui est relatif à sa position. D'abord on a, par la première notation, $a_0 = a$, $1_0 = 1$, et ensuite on a, par la définition 2e,

$$1 : 1_\alpha :: a : a_\alpha,$$

d'où l'on tire

$$a_\alpha = a . 1_\alpha.$$

Ainsi nous pouvons représenter, de grandeur et de position, la droite $a_\alpha$ par $a . 1_\alpha$, où $a$ est la grandeur absolue, et $1_\alpha$ le signe de position.

DÉFINITION 4. Nous appellerons *droites positives* celles qui, étant parallèles à l'axe des abscisses, sont dirigées de gauche à droite, et *droites négatives* celles qui, étant parallèles à l'axe des abscisses, sont dirigées de droite à gauche. Nous appellerons de même *angles positifs* ceux qui sont comptés depuis l'axe des abscisses positives, en montant, et *angles négatifs* ceux qui sont comptés depuis le même axe, en descendant. C'est là la définition ordinaire des quantités positives et des quantités négatives en Géométrie; mais il s'en faut de beaucoup qu'on en ait tiré toutes les conséquences qu'elle est susceptible d'offrir. En combinant cette définition avec les précédentes, nous allons en déduire une manière simple, uniforme et féconde de représenter les lignes de grandeur et de position.

COROLLAIRE 1er. Il suit de cette définition et de nos notations qu'on a

$$+1 = 1_0, \quad \text{et} \quad -1 = 1_{\pm\pi},$$

et, par conséquent,

$$+a = a \times (+1) = a.1_0, \quad \text{et} \quad -a = a \times (-1) = a.1_{\pm\pi}.$$

COROLLAIRE 2. On sait, d'un autre côté, que

$$+1 = e^{0\pi\sqrt{-1}}, \quad \text{et} \quad -1 = e^{\pm\pi\sqrt{-1}};$$

on a donc aussi

$$+a = a \times (+1) = a.e^{0\pi\sqrt{-1}}, \quad \text{et} \quad -a = a \times (-1) = a.e^{\pm\pi\sqrt{-1}}$$

*Remarque.* Il est vrai qu'on a plus généralement

$$+1 = e^{\pm 2n\pi\sqrt{-1}}, \quad \text{et} \quad -1 = e^{\pm(2n+1)\pi\sqrt{-1}},$$

$n$ étant un nombre entier quelconque ; mais, dans la Géométrie de position, on n'a besoin que d'un seul tour de circonférence pour déterminer la position d'une droite, ce qui suppose $n = 0$, et réduit ainsi les expressions de $+1$ et de $-1$ à celles du corollaire précédent.

THÉORÈME Ier. Les quantités imaginaires de la forme $\pm a\sqrt{-1}$ représentent, en Géométrie de position, des perpendiculaires à l'axe des abscisses ; et, réciproquement, les perpendiculaires à l'axe des abscisses sont des imaginaires de la même forme.

*Démonstration.* La quantité $\pm a\sqrt{-1}$ est une moyenne proportionnelle, de grandeur et de position, entre $+a$ et $-a$, c'est-à-dire entre $a_0$ et $a_{\pm\pi}$ ; donc, d'après le corollaire 1er de la définition 3e, la valeur de cette moyenne proportionnelle, de grandeur et de position, est $a_{\pm\frac{\pi}{2}}$ ; c'est-à-dire qu'elle est perpendiculaire à l'axe des abscisses, et dirigée soit en dessus, soit en dessous de cet axe ; et l'on a

$$+a\sqrt{-1} = a_{+\frac{\pi}{2}}, \quad \text{et} \quad -a\sqrt{-1} = a_{-\frac{\pi}{2}}.$$

Réciproquement, toute perpendiculaire à l'axe des abscisses est représentée, d'après nos notations, par $a_{\pm\frac{\pi}{2}}$; elle est, par conséquent, d'après le corollaire 1er de la définition 3e, une moyenne proportionnelle entre $a_0$ et $a_{\pm\pi}$, ou entre $+a$ et $-a$ : elle est donc une quantité imaginaire de la forme $\pm a\sqrt{-1}$.

Corollaire 1er. Il suit de là que $\pm\sqrt{-1}$ est un signe de position qui est identique avec $1_{\pm\frac{\pi}{2}}$.

Corollaire 2. De plus, puisqu'on a

$$-1 = 1_{\pm\pi} = e^{\pm\pi\sqrt{-1}},$$

on a aussi

$$\pm\sqrt{-1} = 1_{\pm\frac{\pi}{2}} = e^{\pm\frac{\pi}{2}\sqrt{-1}}.$$

Corollaire 3. Les quantités dites *imaginaires* sont donc tout aussi réelles que les quantités positives et les quantités négatives, et n'en diffèrent que par leur position, qui est perpendiculaire à celle de ces dernières.

*Remarque générale.* Cette théorie des signes de position est une conséquence nécessaire et irrécusable des premiers principes; elle est plus conforme aux règles d'une saine logique que la théorie ordinaire, où l'on admet, un peu gratuitement ou du moins sans nécessité, deux espèces différentes de quantités positives, et autant d'espèces de quantités négatives (les abscisses et les ordonnées); car, dès qu'on admet la définition 4e des quantités positives et des quantités négatives, il n'est plus permis d'en introduire d'autres qui ne soient pas comprises dans cette définition, et l'on est obligé forcément d'admettre toutes les conséquences que cette même définition entraîne. Ces conséquences heurtent, à la vérité, les idées reçues; mais c'est que ces idées sont fondées sur un défaut de dialectique, qui consiste à admettre deux principes, et deux principes incompatibles, là où un seul serait suffisant.

Théorème II. Le signe de position $1_\alpha$ a pour valeur $e^{\alpha\sqrt{-1}}$, c'est-à-dire que $1_\alpha = e^{\alpha\sqrt{-1}}$.

*Démontration.* Supposons que la demi-circonférence décrite d'un rayon $= 1$ soit divisée, dans le sens des angles positifs, en $m$ parties égales, et qu'on mène des rayons aux points de division; ces rayons formeront, d'après la définition 3e, une progression de grandeur et de position. Or, les deux termes extrêmes de cette progression étant

$$1_0 = +1, \quad \text{et} \quad 1_\pi = -1 = e^{\pi\sqrt{-1}},$$

les termes intermédiaires

$$1_{\frac{\pi}{m}}, \quad 1_{\frac{2\pi}{m}}, \quad 1_{\frac{3\pi}{m}}, \ldots, \quad 1_{\frac{(m-1)\pi}{m}}$$

auront pour valeurs

$$e^{\frac{\pi}{m}\sqrt{-1}}, \quad e^{\frac{2\pi}{m}\sqrt{-1}}, \quad e^{\frac{3\pi}{m}\sqrt{-1}}, \ldots, \quad e^{\frac{(m-1)\pi}{m}\sqrt{-1}};$$

de sorte ou'en général on aura

$$1_{\frac{n\pi}{m}} = e^{\frac{n\pi}{m}\sqrt{-1}};$$

et, comme $\frac{n\pi}{m}$ peut représenter un angle quelconque, on aura finalement

$$1_\alpha = e^{\alpha\sqrt{-1}}.$$

Corollaire 1er. Si l'on prend les logarithmes naturels des deux membres de l'équation $1_\alpha = e^{\alpha\sqrt{-1}}$, on aura

$$\alpha\sqrt{-1} = \log(1_\alpha),$$

ce qui fait voir qu'en Géométrie de position les arcs de cercle sont les logarithmes des rayons correspondants. Ces arcs de cercle sont, comme on le voit, affectés du signe de position $\sqrt{-1}$, ce qui paraît très-naturel, puisque leur direction est dans un sens perpendiculaire à l'axe des abscisses.

*Observation.* Le corollaire précédent contient le germe d'une théorie très-simple et très-lumineuse de logarithmes naturels et de leurs rapports avec la circonférence du cercle. Il explique l'expression énigmatique : « Les arcs de cercle imaginaires sont des logarithmes » ; il donne enfin un sens raisonnable et intelligible à l'équation symbolique et mystérieuse

$$\frac{\pi}{2}\sqrt{-1} = \log(\sqrt{-1}).$$

Corollaire 2. Puisque, d'après la notation 2e, on a

$$a_\alpha = a.1_\alpha,$$

il suit du théorème précédent qu'on a aussi

$$a_\alpha = a.e^{\alpha\sqrt{-1}}.$$

Corollaire 3. Comme on a

$$e^{\alpha\sqrt{-1}} = \cos\alpha + \sin\alpha.\sqrt{-1},$$

il s'ensuit que

$$a_\alpha = a\cos\alpha + a\sin\alpha.\sqrt{-1},$$

c'est-à-dire que, *pour exprimer une droite de grandeur et de position, il faut prendre la somme de ses projections sur deux axes de coordonnées rectangulaires.* Bien entendu qu'on prendra chaque projection avec son signe de position.

Corollaire 4. Il suit de là qu'à une droite quelconque, donnée de grandeur et de position, on peut substituer tant d'autres droites qu'on voudra, pourvu que la somme de toutes les projections de ces dernières soit égale à la somme des projections des droites données ; c'est-à-dire qu'à une droite $x_\xi$ on peut substituer les droites $a_\alpha$, $b_\beta$, $c_\gamma$, ..., $m_\mu$, pourvu qu'on ait, entre ces quantités, la relation

$$(A)\ x.e^{\xi\sqrt{-1}} = a.e^{\alpha\sqrt{-1}} + b.e^{\beta\sqrt{-1}} + c.e^{\gamma\sqrt{-1}} + \ldots + m.e^{\mu\sqrt{-1}},$$

ou, à cause de l'indépendance du signe $\sqrt{-1}$,

$$(B)\quad \begin{cases} x\cos\xi = a\cos\alpha + b\cos\beta + c\cos\gamma + \ldots + m\cos\mu, \\ x\sin\xi = a\sin\alpha + b\sin\beta + c\sin\gamma + \ldots + m\sin\mu. \end{cases}$$

On voit que toutes ces droites $a_\alpha$, $b_\beta$, $c_\gamma$,... peuvent être prises arbitrairement, à l'exception d'une seule, dont la grandeur et la position doivent être déterminées par l'équation (A) ou par ses équivalentes (B).

Réciproquement on peut substituer à tant de droites, données de grandeur et de direction, qu'on voudra, une droite unique, pourvu que les projections de cette dernière sur deux axes rectangulaires soient respectivement égales aux sommes des projections des premières sur les mêmes axes; et alors sa grandeur et sa position se trouveront déterminées par les équations (B).

Corollaire 5. Si les droites $x_\xi$, $a_\alpha$, $b_\beta$, $c_\gamma$,..., $m_\mu$ du corollaire précédent forment un polygone fermé, les équations (B) sont évidemment satisfaites. Donc on peut substituer à une droite quelconque donnée une suite d'autres droites, formant un polygone fermé avec la droite donnée; et réciproquement, à une suite de droites, formant un polygone non fermé, on peut substituer la droite qui fermerait le polygone.

*Application à la Mécanique.* Les trois derniers corollaires sont immédiatement applicables à la composition et à la décomposition des forces. En effet, une force, donnée d'intensité et de direction, peut toujours être représentée par une droite donnée de grandeur et de position, qui est le chemin parcouru, en vertu de cette force, dans l'unité de temps. En substituant donc, dans les trois derniers corollaires, les mots « force donnée d'intensité et de direction » à ceux-ci : « droite donnée de grandeur et de position », on aura immédiatement les théorèmes connus sur la composition et sur la décomposition des forces. Cette théorie, qui était toujours sujette à quelques difficultés, se trouve donc réduite à une question de Géométrie de position.

*Remarque.* Il est bon d'observer que, au moyen du signe de position $\sqrt{-1}$, les abscisses et les ordonnées se trouvent aussi indépendantes, en Géométrie de position, que le sont, en Mécanique, les forces perpendiculaires entre elles. Cette conformité seule établirait un argument non équivoque en faveur de notre théorie, si d'ailleurs elle ne se justifiait pas d'elle-même.

THÉORÈME III. Le signe de position $1_\alpha$ a aussi pour valeur $1^{\frac{\alpha}{2\pi}}$, c'est-à-dire que $1_\alpha = 1^{\frac{\alpha}{2\pi}}$.

*Démonstration.* Si l'on divise la circonférence décrite d'un rayon $= 1$ en $m$ parties égales, et qu'on mène des rayons aux points de division, ces rayons formeront, d'après la définition 3ᵉ, une progression de grandeur et de position, dont les deux termes extrêmes seront également l'unité. On aura donc

$$1_{\frac{2\pi}{m}} = 1^{\frac{1}{m}}, \quad 1_{\frac{4\pi}{m}} = 1^{\frac{2}{m}}, \ldots, \quad 1_{\frac{2n\pi}{m}} = 1^{\frac{n}{m}}.$$

Supposant donc $\frac{2n\pi}{m} = \alpha$, on aura

$$\frac{n}{m} = \frac{\alpha}{2\pi},$$

et, par conséquent,

$$1_\alpha = 1^{\frac{\alpha}{2\pi}}.$$

COROLLAIRE 1er. Il suit de ce théorème : 1° que les rayons qui partagent en $m$ parties égales la circonférence dont le rayon est 1 représentent les $m$ racines $m^{\text{ièmes}}$ de l'unité ; 2° que toutes ces racines sont égales entre elles et à l'unité, et qu'elles ne diffèrent les unes des autres que par leur position ; 3° qu'enfin elles sont toutes également réelles, puisqu'elles sont représentées par des lignes données de grandeur et de position.

COROLLAIRE 2. En comparant ce théorème avec le précédent, on obtient immédiatement les valeurs connues des racines de l'unité, qu'on peut exprimer, en général, par

$$1^{\frac{n}{m}} = e^{\frac{2n\pi}{m}\sqrt{-1}} = \cos\frac{2n\pi}{m} + \sin\frac{2n\pi}{m}\cdot\sqrt{-1}.$$

*Remarque Ire.* En combinant entre eux les théorèmes IIe et IIIe, ainsi que leurs corollaires, on peut faire les rapprochements les plus curieux et les plus intéressants entre les arcs de cercle, les logarithmes naturels et les racines de l'unité, et rattacher ces trois branches de calcul à une seule et unique théorie.

*Remarque II.* On voit, par cette théorie des signes de position, qu'à la rigueur on pourrait se passer, en Géométrie, des signes +, — et $\pm\sqrt{-1}$, comme signes de position; et que nos signes $1_0$, $1_{\pm\pi}$, $1_{\pm\frac{\pi}{2}}$ les remplacent avec avantage, en conservant la liaison de ces signes avec le signe général de position $1_{\pm\alpha}$. Il en résulterait encore cet autre avantage, que les signes + et — ne serviraient plus désormais qu'à indiquer l'addition et la soustraction, de sorte que ces signes n'auraient jamais qu'une même signification; ce qui éviterait bien des embarras, et serait en même temps beaucoup plus conforme aux règles d'une saine logique.

Théorème IV. Toutes les racines d'une équation de degré quelconque sont *réelles*, et peuvent être représentées par des droites données de grandeur et de position.

*Démonstration.* Il est démontré que toute équation d'un degré quelconque est toujours décomposable en facteurs réels, soit du premier, soit du second degré; et conséquemment il suffit de faire voir que les racines d'une équation du second degré peuvent être représentées par des droites données de grandeur et de position. Or les racines d'une équation du second degré, étant de la forme $x = p \pm \sqrt{q}$, sont immédiatement constructibles, par les corollaires 3e et 4e du théorème IIe; car : 1° si $q$ est positif, $x$ sera la somme ou la différence de deux quantités positives ou négatives, comptées sur l'axe des abscisses; 2° si $q$ est négatif, $x$ sera une droite partant de l'origine et dont les coordonnées de l'autre extrémité seront $p$ et $\sqrt{q}$.

Telle est l'esquisse, très-abrégée, des nouveaux principes sur lesquels il me paraît convenable et même nécessaire de fonder la *Géométrie de position*, et que je soumets au jugement des géomètres. Ces principes étant en opposition formelle avec les idées admises jusqu'ici sur la nature des quantités dites *imaginaires*, je dois m'attendre à des objections nombreuses; mais j'ose croire qu'un examen approfondi de ces même principes les fera trouver exacts, et que les conséquences que j'en ai déduites, quelque étranges qu'elles puissent paraître d'ailleurs au premier abord, seront néanmoins jugées conformes aux règles de la dialectique la plus rigoureuse.

Je dois, au surplus, à la justice de déclarer que le fond de ces idées nouvelles ne m'appartient pas. Je l'ai trouvé dans une lettre de M. Legendre à feu mon frère, dans laquelle ce grand géomètre lui fait part (comme d'une chose qui lui a été communiquée, et comme objet de pure curiosité) du fond de mes définitions 2e et 3e, de mon théorème Ier, et du corollaire 3e de mon théorème IIe; mais ce dernier n'était avancé que gratuitement, et n'était justifié que par l'exactitude de quelques applications. Ce qui m'appartient en propre se réduit donc à la manière d'exposer et de démontrer ces principes, à la notation, et à l'idée de mon signe de position $\prime_{\pm a}$.

Je désire que la publicité que je donne aux résultats auxquels je suis parvenu puisse déterminer le premier auteur de ces idées à se faire connaître, et à mettre au jour le travail qu'il a fait lui-même sur ce sujet.

Metz, le 6 de juillet 1813.

---

*Remarque au sujet du Mémoire précédent* (*).

Il y a environ deux ans qu'écrivant à M. de Maizière, au sujet de son Mémoire inséré à la page 368 du Ier volume de ce Recueil, je lui mandais qu'on avait peut-être tort de vouloir comprendre toutes les grandeurs numériques dans une simple série; et que, par leur nature, elles semblaient devoir former une table à double entrée qui, bornée aux seuls nombres entiers, pourrait être figu-

---

(*) P. 71-73.

rée comme il suit :

$$\begin{array}{llllll}
\dots\dots & & & & & \\
\dots -2+2\sqrt{-1}, & -1+2\sqrt{-1}, & +2\sqrt{-1}, & +1+2\sqrt{-1}, & +2+2\sqrt{-1}, & \dots \\
\dots -2+\sqrt{-1}, & -1+\sqrt{-1}, & +\sqrt{-1}, & +1+\sqrt{-1}, & +2+\sqrt{-1}, & \dots \\
\dots -2, & -1, & \pm 0, & +1, & +2, & \dots \\
\dots -2-\sqrt{-1}, & -1-\sqrt{-1}, & -\sqrt{-1}, & +1-\sqrt{-1}, & +2-\sqrt{-1}, & \dots \\
\dots -2-2\sqrt{-1}, & -1-2\sqrt{-1}, & -2\sqrt{-1}, & +1-2\sqrt{-1}, & +2-2\sqrt{-1}, & \dots \\
\dots\dots & & & & & ;
\end{array}$$

en sorte que déjà, comme M. Français, je supposais les nombres de la forme $n\sqrt{-1}$ situés dans une ligne perpendiculaire à celle qui renferme les nombres de la forme $n$; et que, comme lui encore, je représentais les nombres étrangers à ces deux lignes par la somme de leurs projections sur l'une et sur l'autre.

Le même M. de Maizière, au sujet de quelques difficultés que j'avais opposées au Mémoire que je viens de citer, me mandait, dès le mois d'avril 1811 : « Ce que j'avance ici sur les imaginaires est une idée hardie, que je suis bien aise de jeter en avant, et dont, j'en suis sûr, vous avez déjà reconnu l'exactitude »; et, un peu plus loin, « ce paradoxe cessera d'en être un, lorsque j'aurai prouvé que les imaginaires du second degré, et par conséquent de tous les degrés, sont tout aussi peu imaginaires que les quantités négatives ou les imaginaires du premier degré; et que nous sommes exactement, à l'égard des uns, dans la même situation où étaient nos algébristes du xvii^e siècle à l'égard des autres ».

En rappelant ces circonstances, il est certes loin de ma pensée de chercher à dépouiller M. Français, non plus que le géomètre dont il a si bien su mettre les indications à profit, de la priorité de leurs idées; mais je veux montrer que ces idées ne sont point tellement étranges que le fond n'en ait pu germer dans plusieurs têtes à la fois. Il faudra sans doute faire beaucoup encore pour parer à toutes les objections, pour éclaircir toutes les difficultés, pour dissiper tous les nuages, pour étendre et perfectionner la nouvelle théorie, et en rendre bien évidents l'esprit, le but et les avantages; mais on ne peut espérer ces résultats que du temps et des efforts réunis de tous ceux qui voudront bien ne pas rejeter cette théorie avec dédain, sans l'avoir sérieusement examinée.

Ce qui me parait résulter bien clairement du Mémoire qu'on vient de lire, ce qui peut en être regardé comme le résumé, est la proposition suivante : « Lorsque cherchant, sur une droite indéfinie, une longueur déterminée, mais inconnue, qu'on croit être d'un certain côté d'un point fixe pris sur cette droite, il arrive que cette longueur est réellement du côté opposé de ce point fixe, on trouve, pour la longueur cherchée, une expression négative; et si cette longueur n'est pas même située sur la droite donnée, son expression se présente alors sous une forme imaginaire. »

J.-D. Gergonne.

## II.

## *Essai sur une manière de représenter les quantités imaginaires, dans les constructions géométriques; par* M. Argand (*).

Au Rédacteur des *Annales*.

Monsieur,

Le Mémoire de M. J.-F. Français, qui a paru à la page 61 du IVe volume des *Annales*, a pour objet d'exposer quelques nouveaux principes de Géométrie de position, dont les conséquences tendent particulièrement à modifier les notions admises jusqu'ici sur la nature des quantités imaginaires.

En terminant son Mémoire, M. Français annonce qu'il a trouvé le fond de ces nouvelles idées dans une lettre de M. Legendre, qui en parlait comme d'une chose qui lui avait été communiquée, et il témoigne le désir que le premier auteur de ces idées mette

(*) *Annales de Mathématiques*, t. IV, p. 133-147.

au jour son travail sur ce sujet. Il y a tout lieu de croire que le vœu de M. Français est depuis longtemps rempli. J'ai publié en 1806 un opuscule sous le titre d'*Essai sur une manière de représenter les quantités imaginaires, dans les constructions géométriques,* dont les principes sont entièrement analogues à ceux de M. Français, ainsi que vous pourrez en juger par l'exemplaire que j'ai l'honneur de vous adresser (*). M. Legendre a eu, dans le temps, la bonté d'examiner mon manuscrit et de me donner ses avis, et ce doit être là, si je ne m'abuse, la source de la communication dont parle M. Français.

L'écrit dont il s'agit n'ayant été répandu qu'à très-petit nombre, il est extrêmement probable qu'aucun de vos lecteurs n'en a connaissance; et je crois pouvoir prendre cette occasion de leur en présenter un extrait, présumant que cette matière pourra les intéresser, au moins par sa nouveauté, et faire naître chez quelques-uns d'entre eux des réflexions propres à perfectionner et à étendre une théorie dont mon Ouvrage ne présente encore que les premières bases.

1. Si nous considérons la suite des grandeurs

$$a, \quad 2a, \quad 3a, \quad 4a, \ldots,$$

nous pouvons concevoir chacun de ses termes comme naissant de celui qui le précède, en vertu d'une opération la même pour tous, et qui *peut être répétée indéfiniment.*

Dans la suite inverse

$$\ldots, \quad 4a, \quad 3a, \quad 2a, \quad a, \quad 0,$$

on peut également concevoir chaque terme comme provenant du précédent; mais la suite ne peut être prolongée au delà de zéro, qu'autant qu'il sera possible d'opérer sur ce dernier terme comme sur les précédents.

(*) L'Ouvrage se trouve à Paris, chez l'auteur, faubourg Saint-Marceau, rue du chemin de Gentilly, n° 12 (1).

(1) C'est d'après cet exemplaire, appartenant aujourd'hui à M. Chasles, qu'a été faite la présente édition. (Note de l'Éditeur.)

Or, si $a$ désigne, par exemple, un objet matériel, comme *un franc, un gramme,* les termes qui, dans la seconde suite, devraient suivre zéro, ne peuvent rien représenter de réel. On doit donc les qualifier d'*imaginaires.*

Si $a$, au contraire, désigne un certain degré de pesanteur, agissant sur le bassin A d'une balance contenant des poids dans ses deux bassins, comme il est possible de diminuer $a$ soit en enlevant des poids au bassin A, soit en en ajoutant au bassin B, la suite en question pourra être prolongée au delà de zéro, et $-a$, $-2a$, $-3a, \ldots$ seront des quantités aussi réelles que $+a$, $+2a$, $+3a, \ldots$.

Cette distinction des grandeurs en *réelles* et *imaginaires* est plutôt physique qu'analytique; elle n'est pas d'ailleurs tout à fait insolite dans le langage de la Science. Le nom de *foyer imaginaire* est usité en optique, pour désigner le point de concours des rayons qui, analytiquement parlant, sont négatifs.

2. Lorsque nous comparons entre elles, sous le point de vue appelé *rapport géométrique,* deux quantités d'un genre susceptible de fournir des valeurs négatives, l'idée de ce rapport est évidemment complexe. Elle se compose : 1° de l'idée du rapport numérique, dépendant de leurs grandeurs respectives, considérées *absolument;* 2° de l'idée du rapport des *directions* ou *sens* auxquels elles appartiennent, rapport qui, dans ce cas-ci, ne peut être que l'*identité* ou l'*opposition.* Ainsi, quand nous disons $+a : -b :: -ma : +mb$, nous énonçons non-seulement que $a : b :: ma : mb$, mais nous affirmons de plus que la direction de la quantité $+a$ est, relativement à la direction de la quantité $-b$, ce que la direction de $-ma$ est relativement à la direction de $+mb$; et nous pouvons même exprimer cette dernière conception d'une manière absolue, en écrivant

(A) $$+1 : -1 :: -1 : +1.$$

3. Soit proposé maintenant de déterminer la moyenne proportionnelle entre $+1$ et $-1$, c'est-à-dire d'assigner la quantité $x$ qui satisfait à la proportion

$$+1 : x :: x : -1.$$

On ne pourra égaler $x$ à aucun nombre positif ou négatif, d'où il semble qu'on doit conclure que la quantité cherchée est imaginaire.

Mais, puisque nous avons trouvé plus haut que les quantités négatives, qui paraissaient d'abord ne pouvoir exister que dans l'imagination, acquièrent une existence réelle, lorsque nous combinons l'idée de la *grandeur absolue* avec celle de la *direction*, l'analogie doit nous porter à chercher si l'on ne pourrait pas obtenir un résultat analogue, relativement à la quantité proposée.

Or, s'il existe une direction *d*, telle que la direction positive soit à *d* ce que celle-ci est à la direction négative, en désignant par $1_d$ l'unité prise dans la direction *d*, la proportion

$$(B) \qquad +1 : 1_d :: 1_d : -1$$

présentera : 1° une proportion purement mécanique $1 : 1 :: 1 : 1$; 2° une proportion ou similitude de rapports de direction, analogue à celle de la proportion (A) ; et, puisqu'on admet la vérité de cette dernière, on ne saurait se refuser à reconnaître également la légitimité de la proportion (B).

4. Nous allons encore établir ici une distinction physique entre les quantités réelles et imaginaires. Que l'unité dont il s'agit soit, comme plus haut, un certain degré de pesanteur, agissant sur un des bras d'une balance. Nous avons trouvé que ce genre de grandeur peut réellement être positif ou négatif; mais on ne saurait aller plus loin, et on ne peut en aucune manière concevoir un genre de poids tel que $1_d$ qui représente quelque chose de réel. Donc, dans ce cas, $1_d$ est une quantité imaginaire.

Prenons maintenant pour unité positive une ligne KA (*fig.* 1), considérée comme ayant sa direction de K à A. Suivant les notions universellement reçues, l'unité négative sera KI, égale à KA, mais prise dans un sens opposé.

Tirons KE perpendiculaire à IKA; nous aurons la relation suivante :

La direction de KA est à la direction de KE comme celle-ci est à la direction de KI.

La condition nécessaire pour réaliser la proportion (B) se trouvera donc complétement satisfaite, en prenant pour *d* la direction de KE, et on aura

$$1_{//} = KE,$$

quantité tout aussi réelle que KA et KI. On voit aussi que la même condition est également remplie par KN, opposée à KE,

Fig. 1.

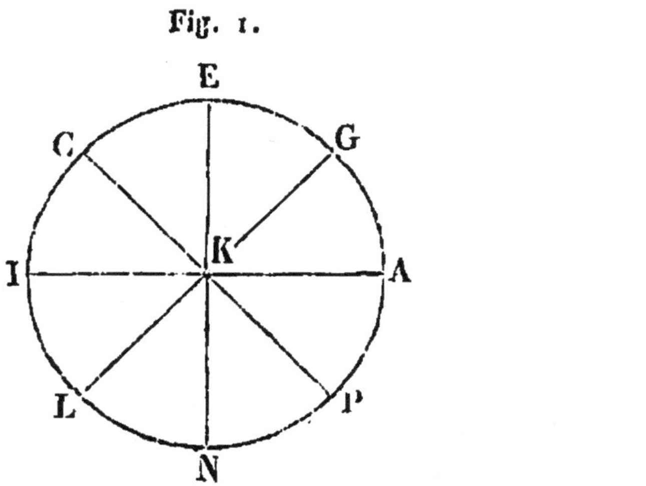


ces deux dernières quantités étant entre elles :: + 1 : — 1, ainsi que cela doit être.

De même qu'on a assigné une moyenne proportionnelle réelle KE entre + 1 et — 1, ou entre KA et KI, on pourra construire les moyennes KC, KG,..., entre KA et KE, KE et KI,....

De là, et par une suite de raisonnements que nous supprimons, on arrivera à cette conséquence générale, que, si (*fig.* 2)

$$\text{ang. } AKB = \text{ang. } A'K'B',$$

on a, abstraction faite des grandeurs absolues,

$$KA : KB :: K'A' : K'B'.$$

C'est là le principe fondamental de la théorie dont nous avons essayé de poser les premières bases, dans l'écrit dont nous donnons ici un extrait. Ce principe n'a rien au fond de plus étrange que celui sur lequel est fondée la conception du rapport géométrique entre deux lignes de signes différents, et il n'en est proprement qu'une généralisation.

Fig. 2.

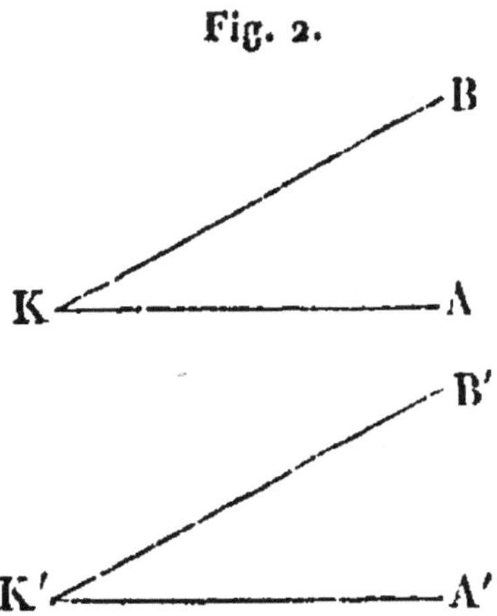


5. Comme, dans ce qui suivra, nous aurions à répéter fréquemment la phrase : *lignes considérées comme tirées dans une certaine direction*, nous emploierons l'expression abrégée : *lignes en direction* ou *lignes dirigées ;* et nous dénoterons par $\overline{AB}$ la ligne AB dirigée de A en B, et par AB simplement cette même ligne considérée dans sa grandeur absolue. Nous préférons le mot de *direction* à celui de *position*, parce que le premier indique, entre les deux extrémités de la ligne, une différence, essentielle dans notre théorie, que ne marque pas le dernier. Nous pourrons réserver celui-ci pour désigner collectivement deux directions opposées, et nous dirons que $\overline{AB}$ et $\overline{BA}$ ont la même position.

6. Nous allons maintenant examiner comment les lignes dirigées se combinent entre elles par addition et multiplication, et en construire les sommes et les produits.

La multiplication ne présente aucune difficulté. Un produit $A \times B$ n'étant autre chose que le quatrième terme de la proportion $1 : A :: B : x$, il ne s'agit que d'appliquer aux lignes données le principe du n° 4.

Quant à l'addition, la règle que nous allons donner peut se démontrer facilement par les théorèmes qui donnent les sinus et cosinus de la somme de deux arcs; mais il semble qu'il serait plus élégant de la tirer *a priori* des principes de la chose. En raisonnant par analogie, on peut remarquer que, lorsqu'il s'agit d'ajouter deux lignes, positives ou négatives, $a$, $b$, on a pour règle générale, quels que soient les signes, de tirer d'abord $\overline{AB} = $ l'une des lignes, $a$ par exemple; de prendre le point d'arrivée B de cette ligne pour point de départ de la ligne $b$, de tirer ensuite $\overline{BC} = b$; et la ligne $\overline{AC}$, dont les points de départ et d'arrivée A, C sont respectivement le point de départ de la première ligne $a$ et le point d'arrivée de la seconde ligne $b$, sera $= a + b$.

Généralisons ce principe, et nous conclurons que, A, B, C,..., F, G, H étant des points quelconques, on a

$$\overline{AB} + \overline{BC} + \overline{C\ldots} + \ldots + \overline{\ldots F} + \overline{FG} + \overline{GH} = \overline{AH}.$$

7. On peut décomposer une ligne en direction donnée $\overline{KP}$ (*fig.* 3) en deux parties appartenant à des *positions* données KA

Fig. 3.

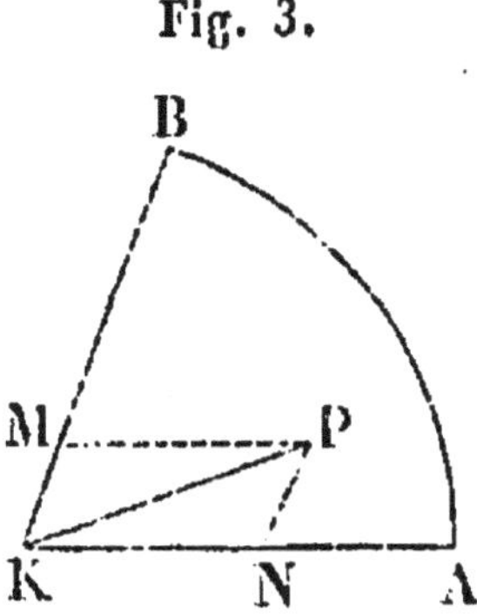


et KB. Il suffit pour cela de tirer, sur KB, KA, les lignes PM, PN, parallèles à KA, KB; et on aura

$$\overline{KP} = \overline{KM} + \overline{MP} = \overline{KN} + \overline{NP};$$

mais, comme on a

$$\overline{KM} = \overline{NP} \quad \text{et} \quad \overline{KN} = \overline{MP},$$

et comme d'ailleurs il n'y a que ces deux manières d'opérer la décomposition proposée, il faut en conclure, en général, que si, ayant

$$\overline{A} + \overline{B} = \overline{A'} + \overline{B'},$$

A, A′ ont la même direction *a*, et B, B′ la même direction *b*, *a* et *b* n'appartenant pas à la même position, on doit avoir aussi

$$\overline{A} = \overline{A'} \quad \text{et} \quad \overline{B} = \overline{B'}.$$

Cette partition a fréquemment lieu, lorsque l'une des positions est celle de $\pm 1$ et l'autre la position perpendiculaire; ce qui revient à la séparation du réel et de l'imaginaire.

8. Passons aux applications, et établissons d'abord quelques conséquences dont l'emploi est le plus fréquent.

Soient (*fig.* 4) AB, BC,..., EN, AB′, B′C′,..., E′N′ des arcs

Fig. 4.

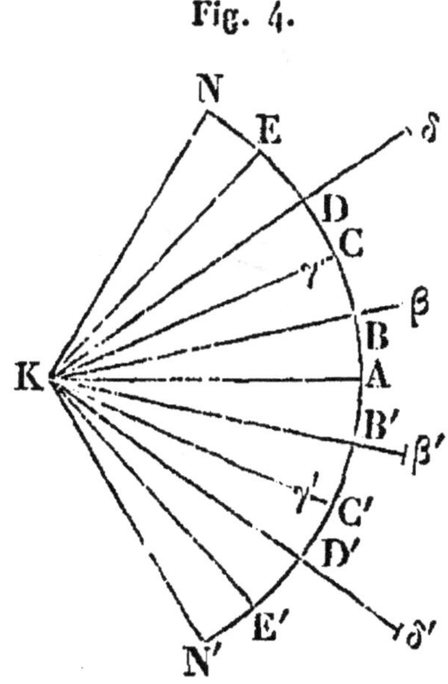


égaux, au nombre de *n*, de chaque côté du point A; $\overline{KA}$ étant prise pour unité; et soit $\overline{KB} = u$; on aura

$$\overline{KA} = 1,\quad \overline{KB} = u,\quad \overline{KC} = u^2,\quad \overline{KD} = u^3,\ldots,\quad \overline{KN} = u^n,$$

$$\overline{KA} = 1,\quad \overline{KB'} = \frac{1}{u},\quad \overline{KC'} = \frac{1}{u^2},\quad \overline{KD'} = \frac{1}{u^3},\ldots,\quad \overline{KN'} = \frac{1}{u^n},$$

$$\frac{\overline{KA}}{\overline{KA}} = 1,\quad \frac{\overline{KB}}{\overline{KB'}} = u^2,\quad \frac{\overline{KC}}{\overline{KC'}} = u^4,\quad \frac{\overline{KD}}{\overline{KD'}} = u^6,\ldots,\quad \frac{\overline{KN}}{\overline{KN'}} = u^{2n}.$$

Et, si l'on prend, sur les rayons correspondants $K\beta' = K\beta$, $K\gamma' = K\gamma$, $K\delta' = K\delta,\ldots$, les longueurs $K\beta$, $K\gamma$, $K\delta,\ldots$ étant à volonté, on aura encore

$$\frac{\overline{K\beta}}{\overline{K\beta'}} = u^2,\quad \frac{\overline{K\gamma}}{\overline{K\gamma'}} = u^4,\quad \frac{\overline{K\delta}}{\overline{K\delta'}} = u^6,\ldots.$$

Si sur des rayons $\overline{KA}$, $\overline{KM}$, $\overline{KN},\ldots$, pris pour bases, on construit des figures semblables, et que $\bar{a}$, $\bar{m}$, $\bar{n},\ldots$ soient des lignes homologues de ces figures, on aura

$$\text{(C)}\qquad \bar{m} = \bar{a} \times \overline{KM},\quad \bar{n} = \bar{a} \times \overline{KN},\ldots.$$

Fig. 5.

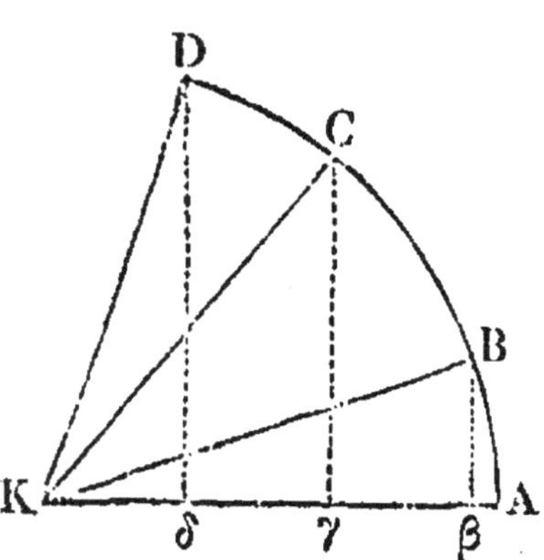


9. Soient (*fig.* 5) arc $AB = CD = a$, arc $AC = b$; on aura

(5, 6, 7)

$$\cos(a+b)+\sqrt{-1}\sin(a+b)=\overline{\mathrm{K}\delta}+\overline{\delta\mathrm{D}}=\overline{\mathrm{KD}}=\overline{\mathrm{KB}}\times\overline{\mathrm{KC}}$$
$$=(\overline{\mathrm{K}\beta}+\overline{\beta\mathrm{B}})\times(\overline{\mathrm{K}\gamma}+\overline{\gamma\mathrm{C}})$$
$$=(\cos a+\sqrt{-1}\sin a)(\cos b+\sqrt{-1}\sin b)$$
$$=(\cos a\cos b-\sin a\sin b)+\sqrt{-1}(\sin a\cos b+\cos a\sin b);$$

donc, en séparant,

$$\cos(a+b)=\cos a\cos b-\sin a\sin b,$$
$$\sin(a+b)=\sin a\cos b+\cos a\sin b.$$

Soient (*fig.* 6) $\mathrm{AC}=a$, $\mathrm{AB}=b$, $\mathrm{BD}=\frac{1}{2}\mathrm{BC}=\frac{a-b}{2}$ : prenons

Fig. 6

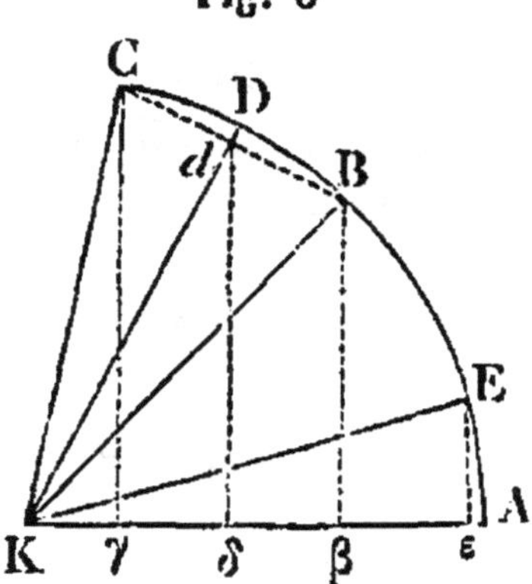


$\mathrm{AE}=\mathrm{BD}$, et tirons KD et BC se coupant en $d$; nous aurons

$$(\cos a-\cos b)+\sqrt{-1}(\sin a-\sin b)$$
$$=(\cos a+\sqrt{-1}\sin a)-(\cos b+\sqrt{-1}\sin b)$$
$$=(\overline{\mathrm{K}\gamma}+\overline{\gamma\mathrm{C}})-(\overline{\mathrm{K}\beta}+\overline{\beta\mathrm{B}})=\overline{\mathrm{KC}}-\overline{\mathrm{KB}}$$
$$=\overline{\mathrm{KC}}+\overline{\mathrm{BK}}=\overline{\mathrm{BC}}=2\overline{d\mathrm{C}}=(\text{n}^{\text{o}}\ 8,\ \mathrm{C})\ 2\overline{\varepsilon\mathrm{E}}\times\overline{\mathrm{KD}}$$
$$=2\overline{\varepsilon\mathrm{E}}\times(\overline{\mathrm{K}\delta}+\overline{\delta\mathrm{D}})$$
$$=2\sqrt{-1}\sin\frac{a-b}{2}\left(\cos\frac{a+b}{2}+\sqrt{-1}\sin\frac{a+b}{2}\right)$$
$$=-2\sin\frac{a-b}{2}\sin\frac{a+b}{2}+2\sqrt{-1}\sin\frac{a-b}{2}\cos\frac{a+b}{2}.$$

Donc, en séparant,

$$\cos a - \cos b = -2\sin\frac{a-b}{2}\sin\frac{a+b}{2},$$

$$\sin a - \sin b = +2\sin\frac{a-b}{2}\cos\frac{a+b}{2}.$$

Soient (*fig.* 7) AB, BC, ..., EN des arcs égaux, au nombre de $n$,

Fig. 7.

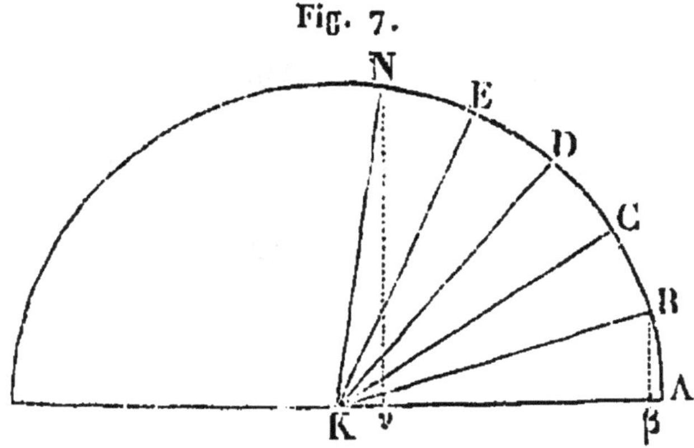


et faisons AB $= a$. Nous aurons

$$\begin{aligned}\cos na + \sqrt{-1}\sin na &= \cos \mathrm{AN} + \sqrt{-1}\sin \mathrm{AN}\\ &= \overline{\mathrm{K}\nu} + \overline{\nu\mathrm{N}} = \overline{\mathrm{KN}} = \overline{\mathrm{KB}}^n = (\overline{\mathrm{K}\beta} + \overline{\beta\mathrm{B}})^n\\ &= (\cos a + \sqrt{-1}\sin a)^n.\end{aligned}$$

On aura encore

$$\cos a + \sqrt{-1}\sin a = \overline{\mathrm{K}\beta} + \overline{\beta\mathrm{B}} = \overline{\mathrm{KB}} = \overline{\mathrm{KN}}^{\frac{1}{n}} = (\overline{\mathrm{K}\nu} + \overline{\nu\mathrm{N}})^{\frac{1}{n}}$$

$$= \overline{\mathrm{K}\nu}^{\frac{1}{n}}\left[1 + \frac{1}{n}\left(\frac{\overline{\nu\mathrm{N}}}{\overline{\mathrm{K}\nu}}\right) + \frac{\frac{1}{n}\left(\frac{1}{n}-1\right)}{1.2}\left(\frac{\overline{\nu\mathrm{N}}}{\overline{\mathrm{K}\nu}}\right)^2 + \frac{\frac{1}{n}\left(\frac{1}{n}-1\right)\left(\frac{1}{n}-2\right)}{1.2.3}\left(\frac{\overline{\nu\mathrm{N}}}{\overline{\mathrm{K}\nu}}\right)^3 + \ldots\right]$$

$$= (\cos na)^{\frac{1}{n}}\left[1 + \frac{1}{n}\frac{\sqrt{-1}\sin na}{\cos na} + \frac{\frac{1}{n}\left(\frac{1}{n}-1\right)}{1.2}\frac{(-1)\sin^2 na}{\cos^2 na} + \ldots\right].$$

Faisant $na = x$ et ensuite $n = \infty$, on obtient, par les termes affectés de $\sqrt{-1}$,

$$x = \text{tang}\, x - \frac{1}{3}\text{tang}^3 x + \frac{1}{5}\text{tang}^5 x - \ldots.$$

Soit l'arc AN (*fig.* 7) divisé en $n$ parties égales. Les rayons $\overline{\text{KA}}$, $\overline{\text{KB}}$, $\overline{\text{KC}}$,... forment une progression géométrique, et les arcs correspondants, ou certains multiples de ces arcs, peuvent être pris pour les logarithmes de ces rayons.

Posons $\log \overline{\text{KN}} = m.\text{AN} = mn.\text{AB}$, $m$ étant le module indéterminé. Si l'on fait $n = \infty$, l'arc AB pourra être considéré comme une droite perpendiculaire sur $\overline{\text{KA}}$; on aura donc

$$\overline{\text{AB}} = \sqrt{-1}\,\text{AB}, \quad \text{ou} \quad \text{AB} = -\sqrt{-1}\,\overline{\text{AB}};$$

ainsi

$$\log \overline{\text{KN}} = mn.\text{AB} = -mn\sqrt{-1}\,\overline{\text{AB}} = -mn\sqrt{-1}\,(\overline{\text{AK}} + \overline{\text{KB}})$$
$$= -mn\sqrt{-1}\left(-1 + \overline{\text{KN}}^{\frac{1}{n}}\right).$$

Faisant $\overline{\text{KN}} = 1 + x$, il vient

$$\log(1 + x) = -mn\sqrt{-1}\left[-1 + (1 + x)^{\frac{1}{n}}\right]$$
$$= -mn\sqrt{-1}\left[-1 + 1 + \frac{1}{n}x - \frac{1}{2n}x^2 + \ldots\right]$$
$$= -m\sqrt{-1}\left(x - \frac{x^2}{2} + \frac{x^3}{3} - \ldots\right),$$

ou encore, parce que $m$ est indéterminé,

$$\log(1 + x) = m\left(x - \frac{x^2}{2} + \frac{x^3}{3} - \frac{x^4}{4} + \ldots\right).$$

Divisons les deux arcs égaux AN, AN′ (*fig.* 8) en $n$ parties égales; tirons la double tangente $nn'$, et les sécantes K$b$, K$c$,...; nous aurons (8)

$$\div\div \frac{\overline{KA}}{\overline{KA}} : \frac{\overline{Kb}}{\overline{Kb'}} : \frac{\overline{Kc}}{\overline{Kc'}} : \ldots : \frac{\overline{Kn}}{\overline{Kn'}} ;$$

donc les arcs correspondants, ou certains multiples de ces arcs,

Fig. 8.

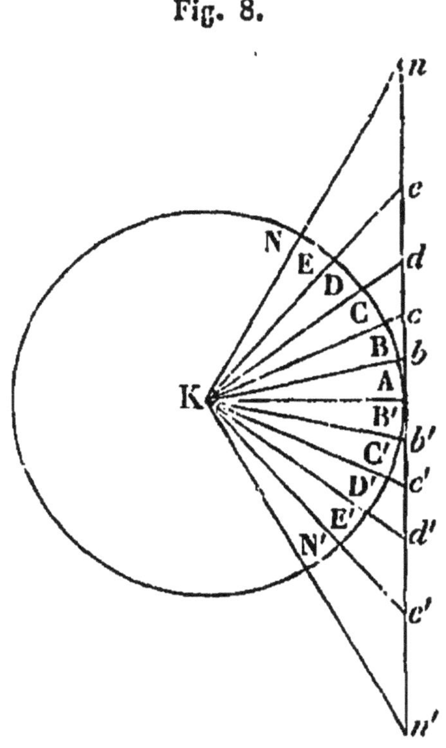


peuvent être pris pour les logarithmes de ces mêmes quantités, savoir :

$$m.\text{AN} = \log \frac{\overline{Kn}}{\overline{Kn'}} \cdot$$

Soit $\text{AN} = x$, on a

$$mx = \log \frac{\overline{Kn}}{\overline{Kn'}} = \log \frac{\overline{KA} + \overline{An}}{\overline{KA} + \overline{An'}} = \log \frac{1 + \sqrt{-1} \tang x}{1 - \sqrt{-1} \tang x} \cdot$$

Soit encore (*fig.* 9) l'arc AN $= 2a$ divisé en un nombre infini

Fig. 9.

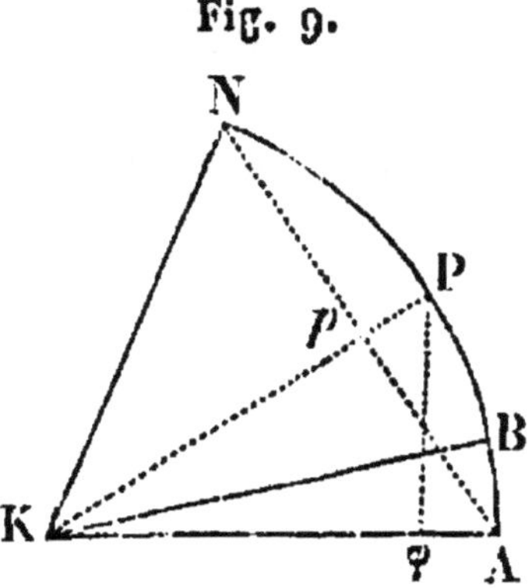


de parties égales, dont AB soit la première; prenons $\mathrm{AP} = \frac{\mathrm{AN}}{2} = a$, et tirons AN, KP et P$\varphi$; nous aurons

$$(\mathrm{D})\left\{\begin{aligned} 2a\sqrt{-1} &= 2\,\mathrm{AN}\sqrt{-1} = 2n.\mathrm{AB}\sqrt{-1} = 2n.\overline{\mathrm{AB}} \\ &= 2n\left(\overline{\mathrm{AK}} + \overline{\mathrm{KB}}\right) = 2n\left(-1 + \overline{\mathrm{KN}}^{\frac{1}{n}}\right) \\ &= 2n\left[-1 + \left(\overline{\mathrm{KA}} + \overline{\mathrm{AN}}\right)^{\frac{1}{n}}\right] = 2n\left[-1 + \left(1 + \overline{\mathrm{AN}}\right)^{\frac{1}{n}}\right] \\ &= 2n\left[-1 + 1 + \frac{1}{n}\overline{\mathrm{AN}} + \frac{\frac{1}{n}\left(\frac{1}{n} - 1\right)}{1.2}\overline{\mathrm{AN}}^2 + \ldots\right] \\ &= 2\left(\overline{\mathrm{AN}} - \frac{\overline{\mathrm{AN}}^2}{2} + \frac{\overline{\mathrm{AN}}^3}{3} - \ldots\right); \end{aligned}\right.$$

mais (8)

$$\begin{aligned} \overline{\mathrm{AN}} &= 2\overline{p\mathrm{N}} = 2\overline{\varphi\mathrm{P}} \times \overline{\mathrm{KP}} = 2\overline{\varphi\mathrm{P}}\left(\overline{\mathrm{K}\varphi} + \overline{\varphi\mathrm{P}}\right) \\ &= 2\sqrt{-1}\sin a\left(\cos a + \sqrt{-1}\sin a\right), \end{aligned}$$

d'où

$$\begin{aligned} \overline{\mathrm{AN}}^2 &= -(2\sin a)^2\left(\cos 2a + \sqrt{-1}\sin 2a\right), \\ \overline{\mathrm{AN}}^3 &= -\sqrt{-1}\,(2\sin a)^3\left(\cos 3a + \sqrt{-1}\sin 3a\right), \\ &\ldots\ldots\ldots\ldots\ldots\ldots\ldots\ldots\ldots\ldots \end{aligned}$$

En substituant ces valeurs dans la série (D), et séparant, il vient

$$2a = +\frac{2\sin a}{1}\cos a + \frac{(2\sin a)^2}{2}\sin 2a - \frac{(2\sin a)^3}{3}\cos 3a - \ldots,$$

$$0 = -\frac{2\sin a}{1}\sin a + \frac{(2\sin a)^2}{2}\cos 2a + \frac{(2\sin a)^3}{3}\sin 3a - \ldots.$$

10. Nous bornerons ici ces applications. On peut, ainsi que nous l'avons fait dans notre *Essai*, obtenir, d'une manière analogue, les principaux théorèmes de la Trigonométrie, comme les développements de $\sin na$, $\cos na$, $(\sin a)^n$, $(\cos a)^n$, les sommes de séries

$$\sin a + \sin(a+b) + \sin(a+2b) + \ldots,$$
$$\cos a + \cos(a+b) + \cos(a+2b) + \ldots,$$

et la décomposition de $x^{2n} - 2x^n \cos na + 1$ en facteurs du second degré.

Comme application à l'Algèbre, nous démontrerons que tout polynôme

$$x^n + ax^{n-1} + bx^{n-2} + \ldots + fx + g$$

est décomposable en facteurs du premier degré, ou, ce qui revient au même, qu'on peut toujours trouver une quantité qui, prise pour $x$, rende égal à zéro le polynôme proposé, que nous désignerons par $y$, les lettres $a, b, \ldots, f, g$ n'étant point d'ailleurs restreintes ici à n'exprimer que des nombres réels

Soient $y_p$, $y_{p+\rho i}$ les valeurs de $y$ résultant des suppositions $x = p$, $x = p + \rho i$, $p$ et $i$ étant des nombres pris à volonté, et $\rho$ désignant un rayon en direction; on aura

$$y_p = p^n + ap^{n-1} + bp^{n-2} + \ldots + fp + g,$$

$$\begin{aligned} y_{p+\rho i} &= (p+\rho i)^n + a(p+\rho i)^{n-1} + b(p+\rho i)^{n-2} + \ldots \\ &\qquad + f(p+\rho i) + g \\ &= y_p + i\rho Q + i^2\rho^2 R + i^3\rho^3 S + \ldots + i^n\rho^n, \end{aligned}$$

Q, R, S,... étant des quantités connues, dépendantes de $p$, $n$, $a, b, c, \ldots, f, g$, qui s'obtiennent en développant les puissances de $p+\rho i$. Si l'on suppose $i$ infiniment petit, les termes affectés de $i^2$, $i^3$, .., $i^n$ disparaissent, et l'on a simplement

$$y_{p+\rho i}=y_p+i\rho Q.$$

Construisons le second membre de cette équation suivant les règles précédentes. Soit $\alpha$ l'angle que fait $y_p$ avec la ligne prise pour origine des angles ; on peut prendre $\rho$ de manière que $i\rho Q$ fasse avec cette même ligne un angle $-\alpha$, c'est-à-dire que la direction de $\overline{i\rho Q}$ soit opposée à celle de $\overline{y_p}$. La grandeur de $y_{p+\rho i}$ sera ainsi plus petite que celle de $y_p$. On obtiendra, de la même manière, une nouvelle valeur de $y$, plus petite que $y_{p+\rho i}$, et ainsi de suite, jusqu'à ce que $y$ soit nul ; donc, etc.

Cette démonstration est cependant sujette à une difficulté dont nous devons la remarque à M. Legendre. La quantité Q peut être nulle, et alors la construction prescrite n'est plus praticable ; mais nous observerons que cette objection n'anéantit pas notre démonstration ; car le terme $i^2\rho^2 R$, ou le terme $i^3\rho^3 S$, si R est nulle, et ainsi de suite, peut remplacer le terme $i\rho Q$, puisque $\rho^2$, $\rho^3$,... sont des quantités de la même nature que $\rho$. Or, quand même on voudrait supposer tous ces termes nuls, le dernier au moins $i^n\rho^n$ ne le serait pas.

11. La théorie dont nous venons de donner un aperçu peut être considérée sous un point de vue propre à écarter ce qu'elle peut présenter d'obscur, et qui semble en être le but principal, savoir : d'établir des notions nouvelles sur les quantités imaginaires. En effet, mettant de côté la question si ces notions sont vraies ou fausses, on peut se borner à regarder cette théorie comme un moyen de recherches, n'adopter les lignes en direction que comme *signes* des quantités réelles ou imaginaires, et ne voir, dans l'usage que nous en avons fait, que le *simple emploi d'une notation particulière*. Il suffit, pour cela, de commencer par démontrer, au moyen des premiers théorèmes de la Trigonométrie, les règles de multiplication et d'addition données plus haut ; les applications iront de suite, et il ne restera plus à examiner que la question de didactique : « si l'emploi de cette notation peut être avantageux ;

» s'il peut ouvrir des chemins plus courts et plus faciles pour démontrer certaines vérités ». C'est ce que le fait seul peut décider.

12. Nous ne croyons pas devoir omettre quelques aperçus sur une extension dont nos principes paraissent susceptibles. Soient, comme plus haut (*fig.* 10), $\overline{KA} = +1$, $\overline{KC} = -1$, $\overline{KB} = +\sqrt{-1}$, $\overline{KD} = -\sqrt{-1}$; tout autre rayon $\overline{KN}$, mené dans le plan de ceux-là, sera de la forme $p + q\sqrt{-1}$; et réciproquement, toute expres-

Fig. 10.

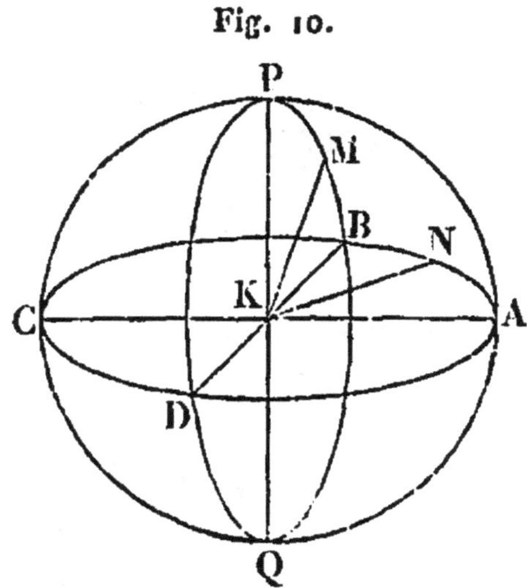


sion de cette forme sera celle d'une ligne dirigée dans ce plan Tirons maintenant, du centre K, une perpendiculaire KP = KA à ce plan. Que sera cette ligne dirigée $\overline{KP}$ relativement aux précédentes? Leur sera-t-elle tout à fait hétérogène, ou bien peut-on la rapporter analytiquement à l'unité primitive $\overline{KA}$, et assigner son expression algébrique, comme celle de $\overline{KB}$, $\overline{KC}$,...?

Si nous nous laissons guider par l'analogie, voici ce qu'elle nous suggère sur ces questions.

En prenant pour unité des angles la circonférence entière, il suit des principes ci-dessus qu'un rayon en direction, faisant un angle $\alpha$ avec $\overline{KA}$, peut être exprimé par $1^{\alpha}$; mais, d'après la nature des exposants, cette expression a des valeurs multiples, lorsque $\alpha$ est fractionnaire, ce qui peut amener quelques difficultés. On évitera cet inconvénient, en employant la notation de M. Français (Mémoire cité), et en écrivant $1_\alpha$; on aura ainsi

$$\overline{KA} = 1_0, \quad \overline{KB} = 1_{\frac{1}{4}}, \quad \overline{KC} = 1_{\frac{1}{2}}, \quad \overline{KD} = 1_{\frac{3}{4}}.$$

Nous avons pris, de part et d'autre du point A, sur la circonférence ABCD, deux directions opposées, affectées l'une aux angles positifs, l'autre aux angles négatifs. Or, si nous appliquons aux mêmes angles les mêmes considérations qu'aux lignes, nous serons conduit à prendre les angles imaginaires dans une direction perpendiculaire à celle qui appartient aux angles réels.

Supposons que le demi-cercle ABC tourne autour de AC, le point B décrivant le cercle BPDQ; puisqu'on a déjà

$$\text{angle } \overline{AKB} = +\frac{1}{4} = \frac{1}{4}.(+1),$$

$$\text{angle } \overline{AKD} = -\frac{1}{4} = \frac{1}{4}.(-1),$$

on pourra dire que

$$\text{angle } \overline{AKP} = \frac{1}{4}\sqrt{-1} = \frac{1}{4}.1_{\frac{1}{4}};$$

d'où l'on conclura

$$\overline{KP} = 1_{\frac{1}{4}.1_{\frac{1}{4}}} = 1_{\frac{1}{4}\sqrt{-1}} = 1^{\frac{1}{4}\sqrt{-1}} = \left(1^{\frac{1}{4}}\right)^{\sqrt{-1}} = \left(\sqrt{-1}\right)^{\sqrt{-1}}.$$

Telle paraît devoir être l'expression analytique demandée.

Si l'on prend un point M sur le cercle BPD, tel qu'on ait angle BKM $= \mu$, on aura pareillement

$$\text{angle } \overline{AKM} = \frac{1}{4}\left(\cos\mu + \sqrt{-1}\sin\mu\right);$$

et en faisant, pour abréger, $\cos\mu + \sqrt{-1}\sin\mu = \rho$,

$$\overline{KM} = 1_{\frac{1}{4}\rho} = 1^{\frac{1}{4}\rho} = \left(1^{\frac{1}{4}}\right)^{\rho} = \left(\sqrt{-1}\right)^{\cos\mu + \sqrt{-1}\sin\mu}.$$

C'est l'expression générale de tous les rayons perpendiculaires au rayon primitif $\overline{KA}$.

Cherchons maintenant l'expression de l'angle $\overline{BKP}$.

De part et d'autre du point B, sur la circonférence ABC, les angles sont positifs et négatifs réels, et le plan BKP est perpendiculaire à leur direction; il semblerait donc que l'angle $\overline{BKP}$ est, ainsi que l'angle $\overline{AKP}$, $= \frac{1}{4}\sqrt{-1}$, et qu'il en doit être de même de tout angle $\overline{NKP}$, N étant pris sur la circonférence ABCD; mais on s'aperçoit bientôt de la fausseté de cette conclusion, en faisant coïncider N avec le point C, ce qui donnerait $\overline{CKP} = \frac{1}{4}\sqrt{-1}$, tandis que cet angle est évidemment $-\overline{AKP} = -\frac{1}{4}\sqrt{-1}$.

Pour éclaircir cette difficulté, observons que, une direction étant adoptée pour celle de $+1$, il y a une infinité de directions qui lui sont perpendiculaires, parmi lesquelles on en prend arbitrairement une, pour l'affecter à l'unité imaginaire $\sqrt{-1}$. L'expression générale de toute unité prise dans l'une de ces directions est, comme nous venons de le voir,

$$1_{\frac{1}{4}\rho} = 1^{\frac{1}{4}\rho} = (\sqrt{-1})^{\rho} = (\sqrt{-1})^{\cos\mu + \sqrt{-1}\sin\mu}.$$

Imaginons au point A une infinité de directions perpendiculaires à la circonférence en ce point; une de ces directions sera parallèle à $\overline{KP}$. C'est celle que nous avons prise pour construire les angles imaginaires positifs $+\alpha\sqrt{-1}$, c'est-à-dire que nous avons choisi, pour ce cas, $\rho = 1 = \overline{KA}$. Pareillement, au point C, la direction parallèle à $\overline{KP}$ nous a donné les angles imaginaires négatifs $-\alpha\sqrt{-1}$, c'est-à-dire que nous avons fait $\rho = -1 = \overline{KC}$.

Donc l'analogie nous conduit à faire $\rho = \sqrt{-1} = \overline{KB}$, lorsqu'il s'agit de la direction parallèle à $\overline{KP}$, à partir du point B.

L'angle $\overline{BKP}$ aura donc pour expression

$$\frac{1}{4}(\sqrt{-1})^{\sqrt{-1}}.$$

13. Nous ne pousserons pas plus loin ces aperçus, et nous observerons, en terminant, que les expressions $a$, $a_b$, $a_{b_c}$, qui désignent des lignes considérées par rapport à une, à deux, à trois dimensions, ne sont que les premiers termes d'une suite qui peut être prolongée indéfiniment.

Si les notions exposées dans l'article précédent étaient admises, la question, souvent agitée, de savoir si toute fonction peut être ramenée à la forme $p + q\sqrt{-1}$ se trouverait résolue négativement; et $\overline{KP} = \left(\sqrt{-1}\right)^{\sqrt{-1}}$ offrirait l'exemple le plus simple d'une quantité non réductible à cette forme, et aussi hétérogène par rapport à $\sqrt{-1}$ que l'est celle-ci par rapport à $+1$.

Il existe, à la vérité, des démonstrations tendant à établir que la fonction $\left(a + b\sqrt{-1}\right)^{m+n\sqrt{-1}}$ peut toujours être réduite à la forme $p + q\sqrt{-1}$; mais qu'il nous soit permis de remarquer sur ces démonstrations que celles qui emploient le développement en séries ne sauraient être concluantes qu'autant qu'on prouverait que $p$ et $q$ ont des valeurs finies. Il arrive souvent, en effet, dans l'Analyse, qu'une série qui, par sa nature, ne peut exprimer que des quantités réelles, prend une valeur, ou plutôt une forme infinie, lorsqu'elle doit représenter une quantité imaginaire; et l'on peut présumer pareillement qu'une série composée de termes de la forme $p + q\sqrt{-1}$ ou $a_b$ peut devenir infinie, si elle doit exprimer une quantité de l'ordre $a_{b_c}$.

Quant aux démonstrations qui emploient les logarithmes, elles laissent aussi, ce nous semble, quelques nuages dans l'esprit, en ce qu'on n'a pas encore des notions bien précises sur les logarithmes imaginaires. Il faudrait d'ailleurs s'assurer si un même logarithme ne pourrait pas appartenir à la fois à plusieurs quantités d'ordres différents $a$, $a_b$, $a_{b_c}$. En outre, la multiplicité des valeurs dues aux radicaux de l'expression proposée est une autre source d'incertitude, de telle sorte qu'on pourrait parvenir, de la manière la plus rigoureuse, à réduire $\left(a + b\sqrt{-1}\right)^{m+n\sqrt{-1}}$ à la forme $p + q\sqrt{-1}$, sans qu'il s'ensuivît nécessairement que cette fonction n'a pas encore d'autres valeurs de l'ordre $a_{b_c}$, non réductibles à cette forme (*).

III.

*Extraits de deux Lettres, l'une de* M. J.-F. FRANÇAIS, *professeur à l'École impériale de l'Artillerie et du Génie, et l'autre de* M. SERVOIS, *professeur aux Écoles d'Artillerie,*

Au Rédacteur des *Annales,*

*Sur la théorie des quantités imaginaires* (**).

*Lettre de* M. FRANÇAIS.

En attendant que le Mémoire de M. Argand, que vous me faites l'honneur de m'annoncer, me soit parvenu, je prends, Monsieur, la liberté de vous indiquer brièvement les résultats auxquels j'ai été conduit par mes réflexions sur la manière d'étendre la nouvelle théorie des imaginaires à la Géométrie à trois dimensions.

(*) On ne peut, sans doute, que savoir beaucoup de gré à M. Français d'avoir, en quelque sorte, provoqué M. Argand à donner plus de publicité à ses vues sur l'un des points les plus délicats et les plus épineux de l'Analyse algébrique. Espérons qu'il s'établira désormais une heureuse rivalité entre ces deux estimables géomètres, et qu'ils s'empresseront, à l'envi l'un de l'autre, à perfectionner et à éclaircir l'intéressante théorie dont ils viennent de poser les fondements. J.-D. GERGONNE.

(**) *Annales de Mathématiques,* t. IV, p. 222-235.

D'après ma définition 4e (p. 66), les angles, tant positifs que négatifs, sont censés situés dans un même plan, que, pour abréger, j'appellerai plan des $xy$. Il serait donc naturel de supposer que les angles imaginaires sont situés dans des plans perpendiculaires à celui des $xy$, et l'analogie seule justifierait cette supposition ; mais on peut en démontrer la légitimité comme il suit : l'angle $\pm\beta\sqrt{-1}$ est un moyen proportionnel de grandeur et de position entre $+\beta$ et $-\beta$ ; donc il est situé par rapport à l'angle $+\beta$ comme l'angle $-\beta$ est situé par rapport à lui ; ce qui ne peut avoir lieu qu'autant que le plan qui contient l'angle $\pm\beta\sqrt{-1}$ partage en deux parties égales l'angle formé par les plans des angles $+\beta$ et $-\beta$. Or ces deux plans se confondent en un seul ; donc le plan qui contient l'angle $\pm\beta\sqrt{-1}$ est perpendiculaire au plan des $xy$. Réciproquement, tout plan perpendiculaire à celui des $xy$ partageant en deux parties égales l'angle formé par les plans des angles positifs et des angles négatifs, tout angle $\beta$, situé dans un plan perpendiculaire à celui des $xy$, peut être considéré comme moyen proportionnel de grandeur et de position entre les deux angles $+\beta$ et $-\beta$ ; donc sa valeur de grandeur et de position est $\pm\beta\sqrt{-1}$.

Il suit de là et de mes théorèmes 2e et 3e (p. 68 et 72) qu'on a

$$1_{\beta\sqrt{-1}} = e^{(\beta\sqrt{-1})\sqrt{-1}} = e^{-\beta} = 1^{\frac{\beta\sqrt{-1}}{2\pi}}$$
$$= \cos(\beta\sqrt{-1}) + \sqrt{-1}\sin(\beta\sqrt{-1}).$$

Voilà donc aussi les *sinus* et *cosinus hyperboliques* de *Lambert* rattachés à la même théorie que les arcs de cercle, les logarithmes naturels et les racines de l'unité.

Il suit encore de là qu'on a

$$1_\alpha \cdot 1_{\beta\sqrt{-1}} = e^{\alpha\sqrt{-1}} e^{(\beta\sqrt{-1})\sqrt{-1}} = e^{(\alpha+\beta\sqrt{-1})\sqrt{-1}} = 1_{\alpha+\beta\sqrt{-1}}$$
$$= e^{\alpha\sqrt{-1}}\left[\cos(\beta\sqrt{-1}) + \sqrt{-1}\sin(\beta\sqrt{-1})\right]$$
$$= \cos\alpha\cos(\beta\sqrt{-1}) + \sqrt{-1}\sin\alpha\cos(\beta\sqrt{-1})$$
$$+ \sqrt{-1}.e^{\alpha\sqrt{-1}}\sin(\alpha\sqrt{-1}).$$

Donc

$$a_{\alpha+\beta\sqrt{-1}} = a\cos\alpha\cos(\beta\sqrt{-1}) + \sqrt{-1}\,.\,a\sin\alpha\cos(\beta\sqrt{-1}) + \sqrt{-1}\,.\,ae^{\alpha\sqrt{-1}}\sin(\beta\sqrt{-1}).$$

Les projections de $a$ sur les trois axes des coordonnées, ou plutôt ses trois composantes, seront donc

$$a\cos\alpha\cos(\beta\sqrt{-1}),$$
$$\sqrt{-1}\,.\,a\sin\alpha\cos(\beta\sqrt{-1}),$$
$$\sqrt{-1}\,.\,a_\alpha\sin(\beta\sqrt{-1}).$$

Voilà, Monsieur, le résultat auquel je suis parvenu; mais je vous avoue que je n'en suis pas encore satisfait. Je voudrais élaguer entièrement la notation imaginaire, comme je l'ai fait pour la Géométrie à deux dimensions. Je m'explique : pour la Géométrie à deux dimensions, j'ai réduit les droites obliques de la forme $A + B\sqrt{-1}$ à celle $a_\alpha$, où $a$ représente la grandeur absolue de la droite, et $\alpha$ l'angle qu'elle fait avec l'axe des abscisses. Dans la Géométrie à trois dimensions, je voudrais exprimer la position d'une droite quelconque par $a_{\alpha_\text{A}}$, où $a$ exprimerait la grandeur absolue de la droite, $\alpha$ l'angle qu'elle fait avec l'axe des abscisses, et A celui que le plan de l'angle $\alpha$ fait avec le plan des $xy$; mais toutes mes tentatives à cet égard ont été jusqu'ici infructueuses. Je désire que quelqu'un plus habile que moi vienne à bout de compléter cette lacune. Quoi qu'il en soit, je suis persuadé que le vrai moyen d'étendre notre théorie des imaginaires à la Géométrie à trois dimensions réside dans la considération des angles imaginaires.

Metz, le 8 de novembre 1813.

*P. S.* Je viens de recevoir à l'instant le Mémoire de M. Argand, que j'ai lu avec autant d'intérêt que d'empressement. Il ne m'a pas été difficile d'y reconnaître le développement des idées contenues dans la lettre de M. Legendre à feu mon frère; et il n'y a pas le moindre doute qu'on ne doive à M. Argand la première idée de représenter géométriquement les quantités imaginaires.

C'est avec bien du plaisir que je lui en fais hommage, et je me félicite de l'avoir engagé à publier ses idées, dans l'ignorance où j'étais de leur publication antérieure. J'ai vu aussi que nous nous étions rencontrés dans le principe qui doit servir à étendre cette nouvelle théorie des imaginaires à la Géométrie à trois dimensions; mais, en partant d'un même principe, nous parvenons à des résultats différents.

J'ai dit plus haut que je n'avais pu parvenir à ramener l'expression de la position d'une droite quelconque dans l'espace à la forme $a_{\alpha_A}$. Voici quels sont les motifs de cette impuissance. J'avais essayé de faire, par analogie,

$$\alpha_A = \alpha . e^{A\sqrt{-1}} = \alpha\left(\cos A + \sqrt{-1}\sin A\right),$$

d'où l'on tire

$$1_{\alpha_A} = \left(e^{\alpha\sqrt{-1}}\right)^{e^{A\sqrt{-1}}} = \left(\cos\alpha + \sqrt{-1}\sin\alpha\right)^{\cos A + \sqrt{-1}\sin A},$$

ce qui, dans le cas de $\alpha = \frac{1}{2}\pi$, $A = \frac{1}{2}\pi$ donne

$$1_{\frac{1}{2}\pi, 1_{\frac{1}{2}\pi}} = \left(\sqrt{-1}\right)^{\sqrt{-1}},$$

comme le trouve M. Argand. Mais, en faisant le développement du cas général, on a

$$\begin{aligned}
1_{\alpha_A} &= \left(e^{\alpha\sqrt{-1}}\right)^{e^{A\sqrt{-1}}} = e^{\left(\alpha . e^{A\sqrt{-1}}\right)\sqrt{-1}} \\
&= e^{\left(\alpha\cos A + \sqrt{-1}\cdot\alpha\sin A\right)\sqrt{-1}} \\
&= e^{\sqrt{-1}\,.\,\alpha\cos A} . e^{\left(\sqrt{-1}\,.\,\alpha\sin A\right)\sqrt{-1}} \\
&= \left[\cos(\alpha\cos A) + \sqrt{-1}\sin(\alpha\cos A)\right] \\
&\qquad \times\left[\cos\left(\sqrt{-1}\,.\,\alpha\sin A\right) + \sqrt{-1}\sin\left(\sqrt{-1}\,.\,\alpha\sin A\right)\right] \\
&= \cos(\alpha\cos A)\cos\left(\sqrt{-1}\,.\,\alpha\sin A\right) \\
&\quad + \sqrt{-1}\sin(\alpha\cos A)\cos\left(\sqrt{-1}\,.\,\alpha\sin A\right) \\
&\quad + \sqrt{-1}\,.\,e^{\sqrt{-1}\,.\,\alpha\cos A} . \sin\left(\sqrt{-1}\,.\,\alpha\sin A\right),
\end{aligned}$$

expression qui, vu la double transcendance de ses termes, me paraît inadmissible. Sa comparaison avec

$$1_{\lambda+\mu\sqrt{-1}} = \cos\lambda\cos\left(\mu\sqrt{-1}\right) + \sqrt{-1}\sin\lambda\cos\left(\mu\sqrt{-1}\right) + \sqrt{-1}\,e^{\lambda\sqrt{-1}}\sin\left(\mu\sqrt{-1}\right)$$

me l'a fait rejeter entièrement, parce que les angles $\alpha$ et $\Lambda$ sont aisés à déterminer en $\lambda$ et $\mu$, par la Trigonométrie sphérique. On trouve, en effet,

$$\begin{aligned}\cos\lambda\cos\left(\mu\sqrt{-1}\right) &= \cos\alpha,\\ \sin\lambda\cos\left(\mu\sqrt{-1}\right) &= \sin\alpha\cos\left(\Lambda\sqrt{-1}\right),\\ \sin\left(\mu\sqrt{-1}\right) &= \sin\alpha\sin\left(\Lambda\sqrt{-1}\right);\end{aligned}$$

d'où l'on déduit

$$\cos\lambda = \frac{\cos\alpha}{\sqrt{1-\sin^2\alpha\sin^2\left(\Lambda\sqrt{-1}\right)}},$$

$$\sin\lambda = \frac{\sin\alpha\cos\left(\Lambda\sqrt{-1}\right)}{\sqrt{1-\sin^2\alpha\sin^2\left(\Lambda\sqrt{-1}\right)}}.$$

On a donc

$$1\alpha_{\Lambda} = \left[\cos\alpha + \sqrt{-1}\sin\alpha\cos\left(\Lambda\sqrt{-1}\right)\right] \times \left[1 + \frac{\sin\alpha\sin\left(\Lambda\sqrt{-1}\right)}{\sqrt{1-\sin^2\alpha\sin^2\left(\Lambda\sqrt{-1}\right)}}\sqrt{-1}\right].$$

Il me paraît prouvé, d'après cela, que $\alpha_{\Lambda}$ ne doit pas être déterminé de la même manière que $a_{\alpha}$, et que l'analogie supposée entre les angles et les lignes ne subsiste pas.

Vous avez dû remarquer, au surplus, Monsieur, que M. Argand ne démontre pas ma proposition

$$a_{\alpha} = a\left(\cos\alpha + \sqrt{-1}\sin\alpha\right),$$

et que cette proposition fondamentale n'est chez lui qu'une

simple supposition, justifiée seulement par quelques exemples (*).

Je n'ai pas trop vu non plus, Monsieur, pourquoi M. Argand, n° 12 (p. 92), introduit une nouvelle unité, en posant $2\pi = 1$; cela m'a paru répondre de l'obscurité sur le reste de son Mémoire.

Enfin j'aurais peine à passer à cet estimable géomètre son assertion sur la non-réductibilité de $(c\sqrt{-1})^{d\sqrt{-1}}$ à la forme $A + B\sqrt{-1}$.

On a, en effet,

$$c\sqrt{-1} = e^{\log(c\sqrt{-1})} = e^{\log c + \log\sqrt{-1}} = e^{\log c + \frac{1}{2}\pi\sqrt{-1}}$$
$$= e^{\log c}e^{\frac{1}{2}\pi\sqrt{-1}};$$

donc

$$(c\sqrt{-1})^{d\sqrt{-1}} = e^{(d\log c)\sqrt{-1}}e^{-\frac{1}{2}d\pi}$$
$$= e^{-\frac{1}{2}d\pi}\left[\cos(d\log c) + \sqrt{-1}\sin(d\log c)\right],$$

qui est bien de la forme $A + B\sqrt{-1}$. Je crois donc être fondé à ne regarder la forme $(c\sqrt{-1})^{d\sqrt{-1}}$, qu'il assigne à la troisième coordonnée, que comme une simple conjecture, sujette à une sérieuse contestation.

---

### *Lettre de M.* Servois.

J'accueille ordinairement avec faveur, mon vieux camarade, les idées nouvelles en fait de doctrine, surtout lorsqu'elles se

---

(*) La démonstration de cette proposition n'était point nécessaire dans le système de M. Argand, qui a admis, comme *définition de nom,* que la *somme* dirigée de plusieurs *droites dirigées* se compose de l'ensemble des expressions de ces droites prises eu égard à leurs signes de direction, et M. Argand n'a fait en ceci que donner une extension fort naturelle à une définition généralement admise en Algèbre. J.-D. Gergonne.

présentent sous la garantie de noms connus honorablement par d'autres travaux scientifiques. Loin donc que je songe à donner aux idées de MM. Argand et Français sur les imaginaires les qualifications odieuses d'*inutiles*, d'*erronées*, etc., qui ne prouveraient autre chose que peu de courtoisie et beaucoup de prévention de ma part, je désire vivement, au contraire, qu'elles puissent acquérir avec le temps ce qui leur manque encore sous le rapport de l'évidence et de la fécondité. C'est donc dans cet esprit, c'est autant dans l'intérêt de la science que pour satisfaire au vœu que vous manifestez de connaître mon opinion personnelle sur ce sujet, que je hasarde ici les réflexions suivantes.

1° La démonstration du 1er théorème de M. Français (p. 67) est, à mon avis, tout à fait insuffisante et incomplète. En effet, cette proposition, qui en fait la base : « La quantité $\pm a\sqrt{-1}$ est une moyenne proportionnelle *de grandeur* et *de position* entre $+a$ et $-a$ », équivaut à ces deux-ci, dont une ($\pm a\sqrt{-1}$ moyenne *de grandeur* entre $+a$ et $-a$) est évidente, et dont l'autre ($\pm a\sqrt{-1}$ moyenne *de position* entre $+a$ et $-a$) n'est pas prouvée, et renferme précisément le théorème dont il s'agit (*). Cela est d'autant plus fâcheux que tout le reste du Mémoire porte sur ce premier théorème. Quant à M. Argand, il s'est contenté d'appuyer cette proposition sur une sorte d'analogie et de con-

(*) La moyenne proportionnelle *de grandeur* entre $+a$ et $-a$ n'est et ne saurait être que $a$; car, lorsqu'on parle uniquement de grandeur, on doit faire abstraction des signes, et $\sqrt{a.a}=a$. Mais lorsqu'on prend pour la moyenne $\pm a\sqrt{-1}$, on annonce par là même qu'on a eu égard aux positions inverses de $+a$ et $-a$; la moyenne doit donc alors conserver l'empreinte de cette considération; elle est donc, par le fait même, une *moyenne de position* aussi bien que *de grandeur* : l'interprétation du symbole $\pm a\sqrt{-1}$ est donc réduite à chercher une droite de laquelle on puisse dire qu'elle est posée par rapport à $+a$, comme $-a$ est posée par rapport à elle.

M. Servois trouve évident que, dans l'ancienne doctrine, $\pm a\sqrt{-1}$ soit moyenne *de grandeur* entre $+a$ et $-a$. Il me paraît pourtant difficile de concevoir qu'une *négation de grandeur*, un *être de raison*, puisse être *moyen* entre deux *grandeurs effectives*. J.-D. GERGONNE.

venance. Or il me paraît que, lorsqu'il s'agit de fonder une doctrine extraordinaire, opposée en quelque sorte aux principes reçus, dans une science telle que l'Analyse mathématique, la simple analogie n'est point un moyen suffisant (*). Au surplus, on doit croire que M. Argand a porté de la démonstration de M. Français le même jugement que moi; car, dans le cas contraire, il n'aurait sans doute pas manqué d'en étayer son analogie, ne fût-ce que par une simple citation.

2° Mais la nouvelle théorie est-elle au moins justifiée *a posteriori* par de nombreuses applications? C'est du moins de ce côté que M. Argand semble avoir voulu spécialement diriger ses moyens. Cependant il convient lui-même, avec franchise (p. 91), qu'on pourrait ne voir là que *le simple emploi d'une notation particulière*. Pour moi, j'avoue que je ne vois encore, dans cette notation, qu'un masque géométrique appliqué sur des formes analytiques dont l'usage immédiat me semble plus simple et plus expéditif (**). Je n'en donnerai qu'un exemple sur la première

---

(*) Il serait sans doute fort à désirer que l'esprit humain procédât constamment comme on le fait dans les Traités *ex professo* et sur les bancs des écoles; mais malheureusement cela n'arrive presque jamais. M. Servois, qui tient ici un langage à peu près pareil à celui de Viviani, dans des circonstances assez semblables à celles-ci, a-t-il donc oublié que ce n'est qu'après plus d'un siècle de méditations et d'essais infructueux qu'on est enfin parvenu à asseoir le Calcul dit *infinitésimal* sur des bases solides? Et encore trouve-t-on aujourd'hui des gens qui prétendent qu'on n'y a pas complétement réussi. Où en serions-nous pourtant si l'on avait exigé des premiers inventeurs de ce calcul qu'ils démontrassent rigoureusement leurs méthodes avant d'en faire des applications? Il en a été exactement de même à l'égard des quantités négatives isolées, et il en sera toujours ainsi de toutes les théories; l'homme les aperçoit par une sorte d'instinct, bien longtemps avant d'être en état de les démontrer en rigueur. J.-D. GERGONNE.

(**) Voilà encore le langage de Viviani. M. Servois compterait-il donc pour peu de voir enfin l'Analyse algébrique débarrassée de ces formes inintelligibles et mystérieuses, de ces *non-sens* qui la déparent et en font, pour ainsi dire, une sorte de science cabalistique? J'ai toute sorte de raisons pour ne point lui prêter cette pensée. Or c'est là principalement ce que M. Argand a eu en vue, comme il nous l'apprend lui-même, au commencement de son opuscule. J.-D. GERGONNE.

application de M. Argand, dans laquelle il se propose de trouver les développements de $\sin(a+b)$ et $\cos(a+b)$. De la formule générale

$$e^{\alpha\sqrt{-1}} = \cos\alpha + \sqrt{-1}\sin\alpha$$

je tire

$$e^{(a+b)\sqrt{-1}} = \cos(a+b) + \sqrt{-1}\sin(a+b),$$

et ensuite

$$e^{(a+b)\sqrt{-1}} = e^{a\sqrt{-1}}\, e^{b\sqrt{-1}} = (\cos a + \sqrt{-1}\sin a)(\cos b + \sqrt{-1}\sin b)$$

ou

$$e^{(a+b)\sqrt{-1}} = (\cos a\cos b - \sin a\sin b)$$
$$+ \sqrt{-1}(\sin a\cos b + \cos a\sin b);$$

égalant donc ces deux valeurs de $e^{(a+b)\sqrt{-1}}$, et séparant le réel de l'imaginaire, on aura

$$\cos(a+b) = \cos a\cos b - \sin a\sin b,$$
$$\sin(a+b) = \sin a\cos b + \cos a\sin b.$$

Toutes les autres applications géométriques dérivent de la même source, avec la même facilité. On les trouve développées dans différents ouvrages, et notamment dans la *Théorie purement algébrique des quantités imaginaires*, par M. Suremain-de-Missery (Paris, 1801). L'application unique à l'Algèbre (p. 90) laisse, suivant moi, beaucoup à désirer. Ce n'est point assez, ce me semble, de trouver des valeurs de $x$ qui donnent au polynôme des valeurs sans cesse décroissantes; il faut, de plus, que la loi des décroissements amène nécessairement le polynôme à *zéro*, ou qu'elle soit telle que *zéro* ne soit pas, si l'on peut s'exprimer ainsi, l'*asymptote* du polynôme. Je ne dirai rien de l'extension du principe dont s'occupe M. Argand à la fin de son Mémoire, d'autant qu'elle est aussi uniquement fondée sur l'analogie; mais je ne puis pourtant passer sous silence une assertion que je crois inexacte. Selon M. Argand (p. 95), la forme $(\sqrt{-1})^{\sqrt{-1}}$ *offre* *l'exemple le plus simple d'une quantité non réductible à la forme générale* $p+q\sqrt{-1}$. Ce géomètre aurait-il donc oublié qu'Euler a démontré que l'expression $\left(\sqrt{-1}\right)^{\sqrt{-1}}$ n'est point imaginaire, mais égale à $e^{-\frac{1}{2}\pi}$ (*)?

3° Les géomètres, exprimant assez souvent la position d'un

---

(*) On a, en effet,

$$e^{x\sqrt{-1}}=\cos x+\sqrt{-1}\sin x,$$

d'où

$$e^{-x}=(\cos x+\sqrt{-1}\sin x)^{\sqrt{-1}},$$

qui, en faisant $x=\frac{1}{2}\pi$, devient

$$e^{-\frac{1}{2}\pi}=\left(\sqrt{-1}\right)^{\sqrt{-1}}.$$

Mais, sans rien préjuger sur le fond de l'assertion de M. Argand, assertion qu'il n'énonce, au surplus, qu'avec le ton du *doute*, j'observerai avec lui (p. 95) que, tant qu'on n'aura pas une théorie bien claire des formes algébriques, non rigoureusement et immédiatement évaluables, il sera tout au moins permis de regarder comme précaires les démonstrations fondées sur l'usage de ces mêmes formes.

C'est probablement aussi l'opinion de M. Servois lui-même; car, lui observant, il n'y a pas longtemps, que l'équation évidente

$$\sqrt[m]{1+m}=1+\frac{1}{1}+\frac{1-m}{1.2}+\frac{(1-m)(1-2m)}{1.2.3}+\ldots,$$

devenant, dans le cas où $m=0$,

$$\sqrt[0]{1}=1+\frac{1}{1}+\frac{1}{1.2}+\frac{1}{1.2.3}+\frac{1}{1.2.3.4}+\ldots,$$

il paraissait s'ensuivre que $\sqrt[0]{1}$, qui, en général, se présente sous la forme doublement indéterminée $\left(\frac{0}{0}\right)^{\frac{0}{0}}$, est cependant égal à $e$; il parut ne pas goûter ce raisonnement, précisément pour les raisons que je viens d'expliquer.

J.-D. Gergonne.

point sur un plan par un *rayon vecteur* et une *anomalie*, n'ont certainement point ignoré les conséquences que fournit la définition 4e de M. Français, et sont conséquemment à l'abri du reproche que leur adresse ce géomètre (p. 68). Mais, se contentant de considérer séparément la *grandeur* et la *position* d'une droite sur un plan, ils n'avaient point encore formé l'*idée composée* de ces deux *idées simples*, ou, si l'on veut, ils n'avaient pas créé un nouvel *être géométrique*, réunissant à la fois la *grandeur* et la *position*. La grandeur d'une droite et sa position, c'est-à-dire l'angle qu'elle fait avec un axe fixe, sont deux quantités qu'on peut même regarder comme *homogènes;* or, comment les liera-t-on pour en faire le nouvel *être* appelé *ligne droite de grandeur et de position* ou, plus brièvement, *droite dirigée?* Voilà une question qui ne me paraît pas encore assez approfondie. $a$ étant la longueur d'une droite, $\alpha$ l'arc du rayon $=1$ compris dans l'angle qu'elle forme avec un axe fixe, on pourra sans doute représenter, en général, la *droite dirigée* par $\varphi(a, \alpha)$, et il faudra tâcher de déterminer la fonction $\varphi$ d'après les conditions auxquelles elle doit essentiellement satisfaire. Ainsi, 1° il faudra qu'à $\alpha=0$, $\alpha=2\pi,\ldots$, $\alpha=2n\pi$ réponde $\varphi(a, \alpha)=+a$, et qu'à $\alpha=\pi$, $\alpha=3\pi,\ldots$, $\alpha=(2n+1)\pi$ réponde $\varphi(a, \alpha)=-a$ : c'est évident; 2° il faudra que, de $\varphi(a, \alpha)=\varphi(b, \beta)$, on puisse conclure $a=b$, $\alpha=\beta$ : c'est encore évident. Mais faudra-t-il. 3°, comme M. Français le demande (p. 64), que de la proportion $\frac{\varphi(a, \alpha)}{\varphi(b, \beta)}=\frac{\varphi(c, \gamma)}{\varphi(d, \delta)}$ on puisse conclure $\frac{a}{b}=\frac{c}{d}$ et $\alpha-\beta=\gamma-\delta$? Je ne vois pas que cela découle nécessairement de l'idée de la fonction $\varphi$. La signification même du rapport $\frac{\varphi(a, \alpha)}{\varphi(b, \beta)}$ est fort obscure. Comment, en effet, peut-on dire d'une *droite dirigée* qu'elle est double, triple,... d'une autre? C'est ce qu'on n'aperçoit point *a priori*. M. Français lui-même paraît l'avoir bien senti, puisqu'il ne parle de la *somme* des droites dirigées que comme conséquence de ses deux premiers théorèmes (p. 70). Cependant je ne m'oppose point à ce qu'on admette cette condition comme un des caractères essentiels de la fonction $\varphi$; mais alors la définition complète de la droite dirigée sera une définition *nominis, non rei*, ou, en d'autres termes, *droite dirigée* sera le nom d'une certaine fonction analytique de la grandeur et de la position d'une droite. Il suivra de là, malheureusement, qu'on ne construit plus les imaginaires, mais simplement qu'on les ramène à une même forme analytique. Quoi qu'il en soit, voyons quelle sera cette fonction. Il est d'abord clair que l'expression $\varphi(a, \alpha) = a.e^{\alpha\sqrt{-1}}$ satisfait aux trois conditions annoncées. En effet, on a 1°

$$\varphi(a, 0) = a.e^{0\sqrt{-1}} = a,$$

$$\varphi(a, \pi) = a.e^{\pi\sqrt{-1}} = a\left(\cos\pi + \sqrt{-1}\sin\pi\right) = -a;$$

2° l'équation $\varphi(a, \alpha) = \varphi(b, \beta)$ devient $a\,e^{\alpha\sqrt{-1}} = b.e^{\beta\sqrt{-1}}$, ou bien, en prenant les logarithmes, séparant et repassant ensuite aux nombres, $a = b$, $\alpha = \beta$; 3° enfin la proportion ci-dessus donne, par de semblables transformations, $\frac{a}{b} = \frac{c}{d}$ et $\alpha - \beta = \gamma - \delta$.

Mais la forme $a.e^{\alpha\sqrt{-1}}$ est-elle la seule qui satisfasse à ces trois conditions? Je ne le crois pas, et il me paraît même évident qu'on y satisferait également en substituant un coefficient arbitraire à l'imaginaire $\sqrt{-1}$. Ainsi la forme $a.e^{\alpha\sqrt{-1}}$ ne sera, à mon avis, qu'un cas particulier de celle que doit affecter l'expression analytique de la *droite dirigée*, dans sa *signification de convention*. Y a-t-il encore d'autres conditions qui dérivent de cette signification? C'est ce qu'on ne dit pas, et c'est ce que je ne vois pas non plus.

4° La Table à double argument que vous proposez (p. 75), étant appliquée sur un plan conçu divisé par points ou carreaux *infinitésimes*, de manière qu'à chaque carreau correspondît un nombre qui en serait l'*indice* ou la *cote*, serait très-propre à indiquer la grandeur et la position des rayons vecteurs qu'on ferait tourner autour du point ou carreau central portant $\pm 0$; et il est bien remarquable qu'en désignant alors par $a$ la longueur d'un rayon vecteur, par $\alpha$ l'angle qu'il ferait avec la ligne *réelle*

$$\ldots, -1, \pm 0, +1, \ldots,$$

par $x$, $y$ les coordonnées rectangles du *point extrême opposé à* *l'origine*, rapporté à cette ligne réelle comme axe des $x$, la cote de ce point serait exprimée par $x+y\sqrt{-1}$, et par conséquent, à cause de $x=a\cos\alpha$, $y=a\sin\alpha$, par $a.e^{\alpha\sqrt{-1}}$. Ainsi, voilà une nouvelle *interprétation géométrique* de la fonction $a.e^{\alpha\sqrt{-1}}$, qui vaut bien, à mon avis, celle de MM. Argand et Français; mais, certes, on n'en conclura pas que ce soit un nouveau moyen de construire *géométriquement* les quantités imaginaires, car les *cotes* ou *indices* dont il s'agit impliquent déjà l'imaginaire. Quoi qu'il en soit, il est clair que votre ingénieuse disposition tabulaire des grandeurs numériques peut être regardée comme une *tranche* centrale d'une Table à triple argument qui remplirait l'espace suivant ses trois dimensions, et pourrait servir à fixer, de grandeur et de position, les droites dans l'espace. Vous donneriez sans doute à chaque terme la forme *trinomiale;* mais quel coefficient aurait le troisième terme? Je ne le vois pas trop (*). L'analogie semblerait exiger que le trinôme fût de la forme

$$p\cos\alpha+q\cos\beta+r\cos\gamma,$$

$\alpha$, $\beta$, $\gamma$ étant les angles d'une droite avec trois axes rectangulaires; et qu'on eût

$$(p\cos\alpha+q\cos\beta+r\cos\gamma)(p'\cos\alpha+q'\cos\beta+r'\cos\gamma)$$
$$=\cos^2\alpha+\cos^2\beta+\cos^2\gamma=1.$$

Les valeurs de $p$, $q$, $r$, $p'$, $q'$, $r'$ qui satisferaient à cette condition seraient *absurdes;* mais seraient-elles imaginaires, réductibles à la forme générale $A+B\sqrt{-1}$? Voilà une question d'Ana-

---

(*) Mon estimable ami fait ici beaucoup trop d'honneur à ma pénétration. La vérité est que, lorsque j'imaginai cette petite Table, je n'avais aucunement la pensée que l'on pût songer à l'étendre aux trois dimensions de l'espace, et que j'étais même fort disposé à croire que les grandeurs numériques ne s'étendaient que suivant deux de ces dimensions seulement. La lecture des Mémoires de MM. Français et Argand m'a bien fait soupçonner qu'il n'en était pas ainsi, mais sans m'apprendre encore de quelle manière je devais construire la Table à triple argument.

J.-D. GERGONNE.

lyse fort singulière que je soumets à vos lumières. La simple proposition que je vous en fais suffit pour vous faire voir que je ne crois point que toute fonction analytique *non réelle* soit vraiment réductible à la forme $A+B\sqrt{-1}$.

La Fère, le 23 novembre 1813.

---

## IV.

*Extrait d'une Lettre adressée au Rédacteur des* Annales; *par* M. J.-F. Français, *professeur à l'École de l'Artillerie et du Génie* (*).

Je vous remercie, Monsieur, de la réponse que vous avez faite à l'objection principale de M. Servois contre la nouvelle théorie des imaginaires (**). M. Servois n'a pas été le premier à m'opposer cette difficulté, et ma réponse a toujours été exactement conforme à la vôtre. Les objections de cette nature me paraissent toutes avoir leur source dans une méprise qui peut aisément échapper par l'effet de l'habitude, et qui consiste à confondre des droites données de grandeur et de position avec leur grandeur absolue.

Voici, Monsieur, quelques exemples de la manière de passer de mes notations aux notations ordinaires et aux résultats connus.

L'équation d'un triangle dont la base coïncide avec l'axe des abscisses est

$$a_\alpha+b_{-\beta}=c,$$

---

(*) *Annales de Mathématiques,* t. IV, p. 361-367.

(**) *Voyez* p. 102.

d'où l'on tire

$$a\cos\alpha + b\cos\beta = c,$$
$$a\sin\alpha - b\sin\beta = 0,$$

et, par conséquent, en prenant la somme et la différence des carrés,

$$a^2 + b^2 + 2ab\cos(\alpha + \beta) = c^2,$$
$$a^2\cos 2\alpha + b^2\cos 2\beta + 2ab\cos(\alpha - \beta) = c^2.$$

L'équation d'un cercle rapporté au centre est

$$a_\varphi = x + y\sqrt{-1},$$

d'où l'on tire

$$a\cos\varphi = x, \quad a\sin\varphi = y,$$
$$x^2 + y^2 = a^2.$$

L'équation d'un cercle rapporté au diamètre est

$$\rho_\varphi + \sigma_{\frac{1}{2}\pi - \varphi} = 2a,$$

d'où l'on tire

$$\rho\cos\varphi + \sigma\sin\varphi = 2a,$$
$$\rho\sin\varphi - \sigma\cos\varphi = 0,$$
$$\rho^2 = 2a\rho\cos\varphi, \quad x^2 + y^2 = 2ax.$$

L'équation d'une ellipse rapportée au foyer est

$$\rho_\varphi + (2a - \rho)_\psi = 2c,$$

d'où l'on tire

$$\rho\cos\varphi + (2a - \rho)\cos\psi = 2e,$$
$$\rho\sin\varphi + (2a - \rho)\sin\psi = 0,$$
$$\rho = \frac{a^2 - e^2}{a - e\cos\varphi}.$$

Vous voyez, Monsieur, avec quelle facilité on arrive aux résultats connus.

Metz, le 19 d'avril 1814.

---

*Note transmise par* M. Lacroix *à* M. Vecten, *professeur de Mathématiques spéciales au Lycée de Nîmes.*

Dans la première Partie des *Transactions philosophiques* de 1806, page 23, je trouve un Mémoire écrit en français par M. Buée, communiqué à la Société Royale de Londres par M. William Morgan, et dont le sujet est le même que celui des Mémoires de MM. Français et Argand (*Annales de Mathématiques*, t. IV). L'auteur prétend « que $\sqrt{-1}$ n'est pas le signe d'une opération arithmétique ou d'une opération purement géométrique : c'est un signe de perpendicularité; c'est un signe *purement descriptif*, un signe qui indique la direction d'une ligne, abstraction faite de sa longueur » (ce sont les expressions mêmes de l'auteur) (*).

---

(*) En publiant cette Note, il est loin de notre pensée de chercher à enlever à M. Argand la propriété de ses idées. Son idée principale, je veux dire celle qui consiste à considérer $\sqrt{-1}$ comme un signe de perpendicularité, est d'ailleurs si simple et si naturelle que, loin d'être surpris qu'elle se soit présentée aussi à M. Buée, on a lieu de s'étonner, au contraire, qu'elle ait tant tardé à éclore, et qu'elle ne se soit pas offerte à la pensée d'un plus grand nombre de géomètres.

Ceux de nos lecteurs qui ont sous la main les Recueils de la Société Royale s'empresseront sans doute de faire une comparaison plus étendue entre les idées de M. Buée et celle de MM. Argand et Français.

J.-D. Gergonne.

## V.

*Réflexions sur la nouvelle théorie des imaginaires, suivies d'une application à la démonstration d'un théorème d'Analyse*; par M. ARGAND (*).

La nouvelle théorie des imaginaires, dont il a déjà été plusieurs fois question dans ce Recueil, a deux objets distincts et indépendants : elle tend, premièrement, à donner une signification intelligible à des expressions qu'on était forcé d'admettre dans l'Analyse, mais qu'on n'avait pas cru jusqu'ici pouvoir rapporter à aucune quantité connue et évaluable ; elle offre, en second lieu, une méthode de calcul ou, si l'on veut, une *notation* d'un genre particulier, qui emploie des signes géométriques concurremment avec les signes algébriques ordinaires. Sous ces deux points de vue, elle donne lieu aux deux questions suivantes : Est-il rigoureusement démontré, dans la nouvelle théorie, que $\sqrt{-1}$ exprime une ligne perpendiculaire aux lignes prises pour $+1$ et $-1$? La notation des lignes *dirigées* peut-elle, dans quelques cas, fournir des démonstrations et solutions préférables, sous le rapport de la simplicité, de la brièveté, etc., à celles qu'elles paraissent destinées à remplacer?

Quant au premier point, il est et sera peut-être toujours sujet à discussion, tant qu'on cherchera à établir la signification de $\sqrt{-1}$ par des conséquences d'analogie avec les notions reçues sur les quantités positives et négatives et sur leur proportion entre elles. On a discuté et l'on discute encore sur les quantités négatives ; à plus forte raison pourra-t-on élever des objections contre les nouvelles notions des imaginaires.

Mais il n'y aura plus de difficulté si, comme l'a fait M. Français (*Annales*, t. IV, p. 62), on établit, comme définition, ce qu'on entend par le *rapport de grandeur et de position* entre

(*) *Annales de Mathématiques*, t. V, p. 197-209.

deux lignes. En effet, la relation entre deux lignes données de grandeur et de direction se conçoit avec toute la précision géométrique nécessaire. Qu'on nomme cette relation *rapport*, ou qu'on lui donne tel nom qu'on voudra, on pourra toujours en faire l'objet de raisonnements rigoureux, et en tirer les conséquences de Géométrie et d'Analyse dont nous avons, M. Français et moi, donné quelques exemples. La seule question qui reste est donc de savoir s'il est bien permis de désigner cette relation par les mots *rapport* ou *proportion*, qui ont déjà, dans l'Analyse, une acception déterminée et immuable. Or cela est effectivement permis, puisque, dans la nouvelle acception, on ne fait qu'*ajouter* à l'ancienne, sans d'ailleurs y rien *changer*. On généralise celle-ci de manière que l'acception commune est, pour ainsi dire, un cas particulier de la nouvelle. Il ne s'agit donc pas de chercher ici une *démonstration*.

C'est ainsi, par exemple, que le premier analyste qui a dit que $a^{-n} = \frac{1}{a^n}$ a dû donner cette équation, non comme un *théorème* démontré ou à démontrer, mais comme une *définition* des puissances à exposants négatifs : la seule qu'il eût à faire voir était que, en adoptant cette définition, on ne faisait que généraliser la définition des puissances à exposants positifs, les seules connues jusque-là. Il en est de même des puissances à exposants fractionnaires, irrationnels ou imaginaires. On a dit (*Annales*, t. IV, p. 231) qu'Euler avait démontré que $(\sqrt{-1})^{\sqrt{-1}} = e^{-\frac{1}{2}\pi}$. Le mot *démontrer* peut être exact, en tant qu'on regarde cette équation comme tirée de l'équation $e^{x\sqrt{-1}} = \cos x + \sqrt{-1} \sin x$, d'où elle dérive facilement; mais il ne le serait pas relativement à cette dernière; car, pour démontrer qu'une certaine expression a une telle valeur, il faut premièrement avoir défini cette expression. Or existe-t-il des puissances à exposants imaginaires une définition antérieure à ce qu'on appelle la démonstration d'Euler? C'est ce qui ne paraît pas. Lorsque Euler a cherché à ramener l'expression $e^{x\sqrt{-1}}$ à des quantités évaluables, il a dû naturellement considérer le théorème $e^z = 1 + \frac{z}{1} + \frac{z^2}{1.2} + \ldots$, antérieurement prouvé pour toutes les valeurs *réelles* de $z$. En faisant $z = x\sqrt{-1}$, il a trouvé $e^{x\sqrt{-1}} = 1 + \frac{x\sqrt{-1}}{1} - \frac{x^2}{1.2} - \ldots$; d'où il a dû conclure, non que $e^{x\sqrt{-1}} = \cos x + \sqrt{-1} \sin x$, mais que, si l'on définissait l'expression $e^{x\sqrt{-1}}$ en disant qu'elle représente une quantité égale à $\cos x + \sqrt{-1} \sin x$, les puissances à exposants réels et les puissances à imaginaires se trouveraient liées par une loi commune. Ce n'est donc là encore qu'une extension de principes, et non la démonstration d'un théorème.

C'est aussi par une extension des principes que j'ai été conduit à regarder $(\sqrt{-1})^{\sqrt{-1}}$ comme exprimant la perpendiculaire sur le plan $\pm 1$, $\pm\sqrt{-1}$. Les deux résultats se contredisent, et assurément je n'ai garde de prétendre faire prévaloir le mien; j'ai voulu seulement faire observer que MM. Servois et Français l'ont attaqué par des considérations qui, au fond, sont de la même nature que celles sur lesquelles je m'étais appuyé pour l'établir.

Mais, si la perpendiculaire dont il s'agit ne peut pas être exprimée par $(\sqrt{-1})^{\sqrt{-1}}$, quelle sera donc son expression? ou, pour mieux dire, peut-on trouver une expression telle que, si on l'adopte pour représenter cette perpendiculaire, toutes les lignes tirées dans une direction quelconque (lesquelles auraient alors leur expression) soient liées par une loi commune, comme cela a déjà lieu relativement à toute ligne tirée dans les plans $\pm 1$, $\pm\sqrt{-1}$? C'est là une question qui semble devoir exciter la curiosité des géomètres, du moins de ceux d'entre eux qui admettent la nouvelle théorie.

Je reviens au premier point de discussion et j'observe que la question, si $\sqrt{-1}$ exprime ou non une perpendiculaire sur $\pm 1$, porte uniquement sur la signification du mot *rapport;* car tout le monde est d'accord d'entendre par cette expression une quantité telle que $+1 : \sqrt{-1} :: \sqrt{-1} : -1$, ou que les rapports $\frac{\sqrt{-1}}{+1}$, $\frac{-1}{\sqrt{-1}}$ soient égaux. Ainsi l'objection qu'a faite M. Servois (*Annales*, t. IV, p. 228) contre la démonstration du premier théorème de M. Français, en disant « qu'il n'est pas prouvé que

$\pm a\sqrt{-1}$ soit moyen de position entre $+a$ et $-a$ », revient à dire que le sens du mot *rapport* ne renferme rien de relatif à la position. Cela est vrai dans l'acception commune; et encore pourrait-on dire que, dans l'idée de rapport de deux quantités de signes différents, il faut bien faire entrer celle de ces signes. Dans la nouvelle acception, la direction concourt avec la grandeur pour former le rapport. C'est donc, comme l'on voit, une simple question de mots, qui se décide par la définition précise qu'a donnée M. Français, et qui n'est d'ailleurs qu'une extension de la définition ordinaire.

Le second point de discussion est plus important. Sans doute, il n'est aucune vérité accessible par l'emploi de la notation des *lignes dirigées*, à laquelle on ne puisse aussi parvenir par la marche ordinaire; mais y parviendra-t-on plus ou moins facilement par une méthode que par l'autre? La question mérite, ce me semble, d'être examinée. C'est à l'influence des méthodes et des notations sur la marche progressive de la science que les modernes doivent leur grande supériorité sur les anciens en fait de connaissances mathématiques. Ainsi, quand il se présente une idée nouvelle en ce genre, on peut, du moins, examiner s'il n'y a point de parti à en tirer. M. Servois est le seul qui, depuis la publication de la nouvelle théorie, ait manifesté son opinion à ce sujet, et cette opinion n'est pas en faveur de l'emploi des *lignes dirigées* comme notation. L'usage des formules analytiques lui semble plus simple et plus expéditif (*Annales*, t. IV, p. 230). Je réclamerai, à l'égard de ma méthode, un examen plus particulier. J'observe qu'elle est nouvelle, et que les opérations mentales qu'elle exige, quoique fort simples, peuvent bien demander quelque habitude pour être exécutées avec la célérité que donne la pratique dans les opérations ordinaires de l'Algèbre. Quelques-uns des théorèmes que j'ai démontrés me semblent l'être plus facilement que par la marche purement analytique. C'est peut-être une illusion d'auteur, et je n'insisterai pas là-dessus; mais je solliciterai, avec plus de confiance, la préférence en faveur des lignes dirigées, pour la démonstration du théorème d'Algèbre : « Tout polynôme $x^n + ax^{n-1} + \ldots$ est décomposable en facteurs du premier ou du second degré. » Je crois devoir revenir sur cette démonstration, tant pour résoudre l'objection qu'y a faite M. Servois (*Annales*, t. IV, p. 231) que pour montrer, avec plus de détail, comment elle découle facilement des nouveaux principes. L'importance et la difficulté de ce théorème, qui a exercé la sagacité des géomètres du premier ordre, excuseront, je le présume, aux yeux des lecteurs, quelques répétitions de ce qui a été dit sur ce même objet.

Les démonstrations qu'on a données de ce théorème semblent pouvoir être rangées en deux classes.

Les unes se fondent sur certains principes métaphysiques relatifs aux fonctions et aux renversements d'équations, principes sans doute vrais en eux-mêmes, mais qui ne sont point susceptibles d'une démonstration rigoureusement dite. Ce sont des espèces d'*axiomes*, dont la vérité ne peut être bien sentie qu'autant qu'on possède déjà l'*esprit* du calcul algébrique; tandis que, pour reconnaître la vérité d'un *théorème*, il suffit de posséder les *principes* de ce calcul, c'est-à-dire d'en connaître les définitions et notations. De là vient que les démonstrations de ce genre ont été fréquemment attaquées. Le Recueil auquel je confie ces réflexions en offre, en particulier, plusieurs exemples, et les discussions qui ont eu lieu à ce sujet sont un indice que les raisonnements qu'elles ont pour objet ne sont pas tout à fait sans reproches.

Dans d'autres démonstrations, on attaque de front la proposition à établir, en faisant voir qu'il existe toujours au moins une quantité, de la forme $a + b\sqrt{-1}$, qui, prise pour $x$, rend nul le polynôme proposé, ou bien qu'on peut résoudre ce polynôme en facteurs réels du premier ou du second degré. C'est la marche qu'a suivie Lagrange. Ce grand géomètre a montré que les raisonnements faits avant lui, sur ce même sujet, par d'Alembert, Euler, Foncenex, etc., étaient incomplets (*Résolution des équations numériques*, Notes IX et X). Les uns employaient des développements en séries, les autres des équations subsidiaires; mais ils n'avaient pas prouvé, ce qui était pourtant nécessaire, que les coefficients de ces équations et de ces séries étaient toujours réels. Ces géomètres admettent implicitement le principe que, « si une question dans laquelle il s'agit de déterminer une inconnue peut être résolue de $n$ manières, elle doit conduire à une équation du degré $n$ ». Lagrange lui-même le regarde comme légitime, quoiqu'il n'en fasse pas usage dans les démonstrations citées. Or ne pourrait-on pas dire encore que ce principe, extrêmement probable sans doute, n'est pas démontré et rentre dans la classe de ces sortes d'axiomes dont il était question tout à l'heure? Il semble surtout que, comme on ne peut en acquérir la persuasion que par une pratique assez longue dans la science, ce n'est pas le lieu de l'employer, quand il s'agit d'une proposition qui, dans l'ordre théorique, est une des premières qui se présentent à démontrer dans l'Analyse. Cette observation, au reste, n'a nullement pour objet d'élever une chicane, qui serait aussi déplacée qu'inutile, sur des conceptions auxquelles tous les géomètres doivent le tribut de leur estime : elle tend seulement à faire sentir la difficulté de traiter ce sujet d'une manière satisfaisante.

D'après ces considérations, il paraît qu'une démonstration à la fois directe, simple et rigoureuse peut encore mériter d'être offerte aux géomètres. Je vais donc reprendre ici celle de la page 142 du IVe volume des *Annales;* mais, pour écarter toute espèce de nuage, je l'affranchirai de la considération des quantités évanouissantes.

Il convient de rappeler, en peu de mots, les premiers principes de la théorie des lignes dirigées.

Ayant pris la direction $\overline{KA}$ pour celle des quantités positives, la direction opposée $\overline{AK}$ sera, comme à l'ordinaire, celle des quantités négatives. Tirant par K la perpendiculaire BKD, une des directions $\overline{KB}$, $\overline{KD}$, la première, par exemple, appartiendra aux imaginaires $+a\sqrt{-1}$, la seconde aux imaginaires $-a\sqrt{-1}$. Le trait au-dessus des lettres indique que la ligne désignée est considérée comme tirée dans sa direction. On supprime ce trait quand on ne considère dans la ligne que sa grandeur absolue.

Prenant, à volonté, des points F, G, H,..., P, Q, on a

$$\overline{FG}+\overline{GH}+\ldots+\overline{PQ}=\overline{FQ}.$$

C'est la règle d'addition.

Si l'on a, entre quatre lignes, l'équation

$$\frac{AB}{CD}=\frac{EF}{GH},$$

et que, de plus, l'angle entre $\overline{AB}$, $\overline{CD}$ soit égal à l'angle entre $\overline{EF}$, $\overline{GH}$, ces lignes sont dites en *proportion*. De là se tire la règle de *multiplication;* car un produit n'est autre chose qu'un quatrième terme de proportion dont le premier est l'unité.

Il faut bien observer que ces deux règles sont indépendantes de l'opinion qu'on peut avoir sur la nouvelle théorie. Si l'on veut que $\sqrt{-1}$, symbole que l'Algèbre s'obstine à nous montrer partout, et qui, appelé quelquefois absurde, n'a jamais donné néanmoins des résultats qui soient tels, si l'on veut, dis-je, que ce symbole ne soit rien du tout, sans pouvoir être pourtant égalé à zéro, cela ne fera pas de difficulté. Les lignes dirigées seront les *signes* seulement des nombres de la forme $a + b\sqrt{-1}$. Les règles ci-dessus n'en seront pas moins légitimes; mais, au lieu de les déduire *a priori* de considérations en partie métaphysiques, on tirera la première d'une simple construction. La seconde sera une conséquence immédiate des formules $\sin(a+b) = \sin a \cos b + \ldots$; moyennant quoi l'emploi de ces règles pourra donner des démonstrations entièrement rigoureuses.

Les lignes dirigées seront donc les symboles des nombres $a + b\sqrt{-1}$. Comme ces nombres, elles seront susceptibles d'augmentation, diminution, multiplication, division, etc.; elles les suivront, pour ainsi dire, dans toutes leurs fonctions; en un mot, elles les *représenteront* complétement. Ainsi, dans cette manière de voir, des quantités concrètes représenteront des nombres abstraits; mais les nombres abstraits ne pourront réciproquement représenter les quantités concrètes.

Dans ce qui suit, les accents, indifféremment placés, seront employés pour indiquer la grandeur absolue des quantités qu'ils affectent; ainsi, si $a = m + n\sqrt{-1}$, $m$ et $n$ étant réels, on devra entendre que $a$, ou $a' = \sqrt{m^2 + n^2}$.

Soit donc le polynôme proposé

$$y_x = x^n + ax^{n-1} + bx^{n-2} + \ldots + fx + g,$$

$n$ étant un nombre entier; $a$, $b$, ..., $f$, $g$ peuvent être de la forme $m + n\sqrt{-1}$. Il s'agit de prouver qu'on peut toujours trouver une quantité de cette même forme qui, prise pour $x$, rende $y_x = 0$.

Pour une valeur quelconque de $x$, le polynôme peut être construit par les règles précédentes. En prenant K pour point initial, et nommant P le point final, ce polynôme sera exprimé par $\overline{\mathrm{KP}}$, et il faut montrer qu'on peut déterminer $x$ de manière que le point P coïncide avec K.

Or si, dans l'infinité de valeurs dont $x$ est susceptible, il n'y en avait aucune qui donnât lieu à cette coïncidence, la ligne $\overline{\mathrm{KP}}$ ne pourrait jamais devenir nulle; et, de toutes les valeurs de KP, il y en aurait nécessairement une qui serait plus petite que toutes les autres. Nommons donc $z$ la valeur de $x$ qui donnerait ce minimum; on ne pourrait pas avoir

$$y'_{(z+i)} < y'_z,$$

quelle que fût la quantité $i$.

Or, par le développement, on a

$$(\mathrm{A})\left\{\begin{aligned} y_{(z+i)} &= y_z + \left[nz^{n-1} + (n-1)az^{n-2} + \ldots + f\right]i \\ &\quad + \left[\frac{n}{1}\cdot\frac{n-1}{2}z^{n-2} + \ldots\right]i^2 + \ldots + (nz+a)\,i^{n-1} + i^n. \end{aligned}\right.$$

Comme les coefficients des diverses puissances de $i$ peuvent être nuls, et que ce cas demanderait des considérations particulières, il conviendra de traiter la question d'une manière générale, en représentant l'équation précédente par

$$(\mathrm{B}) \qquad y_{(z+i)} = y_z + \mathrm{R}i^r + \mathrm{S}i^s + \ldots + \mathrm{V}i^v + i^n;$$

de manière qu'aucun des coefficients R, S, ..., V ne soit nul, et que les exposants $r$, $s$, ..., $v$, $n$ aillent en augmentant. Il faut remarquer que, si tous les coefficients de (A) étaient nuls, l'équation (B) se réduirait à

$$y_{(z+i)} = y_z + i^n.$$

Faisant donc $i = \sqrt[n]{-y_z}$, on aurait $y_{(z+i)} = 0$, et le théorème serait démontré pour ce cas, dont on peut, par conséquent, faire abstraction dans ce qui va suivre. Ainsi nous supposerons que le second membre de l'équation (B) a au moins trois termes.

Cela posé, que l'on construise $y_{(z+i)}$, en prenant

$$\overline{KP} = y_z,\quad \overline{PA} = Ri^r,\quad \overline{AB} = Si^s,\ldots,\quad \overline{FG} = Vi^v,\quad \overline{GH} = i^n;$$

on aura

$$y'_z = KP,\quad R'i_{,}^{r} = PA,\quad S'i_{,}^{s} = AB,\ldots,\quad V'i_{,}^{v} = FG,\quad i_{,}^{n} = GH;$$

car il est visible qu'en général $p'q' = (pq)'$.

$y_{(z+i)}$ sera représenté par la ligne brisée ou droite

$$\overline{KPAB\ldots FGH}, \text{ ou par } \overline{KH};$$

et il faut prouver qu'on peut avoir $KH < KP$.

Or la quantité $i$ peut varier de deux manières :

1° En *direction;* et il est évident que, si elle varie d'un angle $\alpha$, sa puissance $i^r$ variera d'un angle $r\alpha$. Soit donc $\alpha$ l'angle dont $\overline{PA} = Ri^r$ surpasse $\overline{KP} = y_z$. Si l'on fait varier $i$ de l'angle $\frac{\pi - \alpha}{r}$, $\overline{PA}$ variera de l'angle $\pi - \alpha$, c'est-à-dire que la direction de $\overline{PA}$ deviendra opposée à celle de $\overline{KP}$; en sorte que le point A se trouvera sur la ligne PK, prolongée, s'il le faut, par son extrémité K.

2° La direction de $i$ étant supposée ainsi fixée, on peut, en second lieu, la faire varier de *grandeur;* et d'abord, si $PA > KP$, on pourra diminuer $i$ jusqu'à ce que $PA < KP$, de manière que le point A tombe entre K et P.

Ensuite, si la grandeur de $i$, ainsi réduite, n'est pas telle que l'on ait

$$R'i_{,}^{r} > S'i_{,}^{s} + \ldots + V'i_{,}^{v} + i_{,}^{n},$$

on peut, en la diminuant encore, obtenir que cette inégalité ait lieu, car les exposants $s,\ldots, v, n$ sont tous plus grands que $r$.

Or cette inégalité revient à

$$PA > AB + \ldots + FG + GH;$$

la distance AH sera donc plus petite que PA, et, par conséquent, si l'on trace un cercle du centre A et du rayon AP, le point H sera au dedans de ce cercle, et il suit des premiers éléments de Géométrie que, K étant sur le prolongement du rayon PA, du côté du centre A, on a KH < KP.

J'inviterai le lecteur à tracer une figure, pour suivre cette démonstration. En y appliquant les principes fondamentaux très-simples rappelés ci-dessus, on verra que, à l'exception du développement (A), qui suppose un calcul algébrique, tous les autres raisonnements se font, pour ainsi dire, à vue, sans avoir besoin d'aucun effort d'attention.

Il est presque superflu de s'arrêter à une objection qu'on pourrait faire à ce qui précède, en disant que, si l'on entreprenait de déterminer la valeur de $x$ en suivant la marche qui est prescrite pour diminuer progressivement $y'_x$, il serait possible qu'on n'y parvînt jamais, parce que la valeur de $i$, pourrait, dans les substitutions successives, ne diminuer que par des degrés de plus en plus petits. Le contraire ne se trouve point prouvé, en effet; mais il n'en résulte autre chose, sinon que les considérations qui précèdent ne sauraient fournir, du moins sans de nouveaux développements, une méthode d'approximation; et cela n'infirme aucunement la démonstration du théorème.

L'objection de M. Servois se résout facilement. « Ce n'est point assez, ce me semble », dit ce géomètre, « de trouver des valeurs de $x$ qui donnent au polynôme des valeurs sans cesse décroissantes; il faut, de plus, que la loi du décroissement amène nécessairement le polynôme à *zéro*, ou qu'elle soit telle que zéro ne soit pas, si l'on peut s'exprimer ainsi, l'*asymptote* du polynôme. » Il a été démontré qu'on pouvait trouver pour $y'_x$, non-seulement des valeurs sans cesse décroissantes, mais encore une valeur moindre que celle qu'on prétendrait être la plus petite de toutes. Si le polynôme ne peut être amené à zéro, sa plus petite valeur sera donc autre que zéro, et, dans cette supposition, la démonstration conserve toute sa force. La dernière phrase de M. Servois semblerait indiquer qu'il fait une distinction entre une limite infiniment petite et une limite absolument nulle. Si telle était son idée, on pourrait y opposer des considérations tout à fait semblables à celles que M. Gergonne a fait valoir dans une occasion assez analogue à celle-ci; cette réponse s'appliquant, presque mot à mot, au cas présent, *mutatis mutandis*, il suffit d'y renvoyer le lecteur (*Annales*, t. III, p. 355). Le scrupule de M. Servois tire sans doute sa source de la considération de l'équation à l'hyperbole $y = \frac{1}{x}$. Il est certain, en effet, que, bien qu'on puisse, dans cette équation, trouver pour $y$ une valeur inférieure à toute limite donnée, $y$ ne peut néanmoins devenir zéro qu'autant qu'on supposera $x$ infini. Mais cette circonstance n'a point lieu dans notre démonstration; car ce n'est certainement pas par une valeur infinie de $x$ qu'on rendra nul le polynôme $y'_x$.

Revenons au sujet qui a donné lieu aux développements ci-dessus. On pourra demander s'il serait possible de les traduire dans le langage ordinaire de l'Analyse. Cela me paraît très-probable; mais peut-être serait-il difficile d'obtenir, par cette voie, un résultat aussi simple. Il semble que, pour y parvenir, il faudrait rapprocher l'expression des imaginaires de la notation des lignes dirigées, en écrivant, par exemple,

$$\sqrt{a^2+b^2}\left[\frac{a}{\sqrt{a^2+b^2}}+\frac{b}{\sqrt{a^2+b^2}}\sqrt{-1}\right] \quad \text{pour } a+b\sqrt{-1}$$

$\sqrt{a^2+b^2}$ pourrait être appelé le *module* de $a+b\sqrt{-1}$, et représenterait la *grandeur absolue* de la ligne $a+b\sqrt{-1}$, tandis que l'autre facteur, dont le module est l'unité, en représenterait la *direction*. On prouverait seulement 1° que *le module de la somme de plusieurs quantités n'est pas plus grand que la somme des modules de ces quantités*, ce qui revient à dire que la ligne AF n'est pas plus grande que la somme des lignes AB, BC, ..., EF; 2° que *le module du produit de plusieurs quantités est égal au produit des modules de ces quantités*. Je dois laisser le soin de suivre ce rapprochement à des calculateurs plus habiles. Si l'on y réussit de manière à obtenir une démonstration purement analytique, aussi simple que celle qui découle des nouveaux principes, on aura gagné quelque chose dans l'Analyse, en parvenant ainsi, par une route facile, à un résultat dont les difficultés n'ont pas été au-dessous des forces de Lagrange lui-même. Si, au contraire, on n'y réussit pas, la notation des lignes dirigées conservera, dans ce cas-ci, un avantage évident sur la méthode ordinaire; et, de toutes manières, la nouvelle théorie aura rendu un petit service à la science.

Qu'il me soit permis, en terminant ces réflexions, de placer ici une remarque au sujet de la Note de M. Lacroix, insérée aux *Annales* (t. IV, p. 367). Ce savant professeur dit que les *Transactions philosophiques* de 1806 contiennent un Mémoire de M. Buée dont le sujet est le même que celui sur lequel M. Français et moi avons écrit. Or c'est dans cette même année 1806 que j'ai fait paraître l'*Essai sur une manière de représenter les quantités imaginaires dans les constructions géométriques*, opuscule où j'ai exposé les principes de la nouvelle théorie, et dont le Mémoire inséré dans le IVe volume des *Annales* (p. 133) n'est qu'un extrait; et l'on sait, d'autre part, que les volumes des collections académiques ne peuvent paraître que postérieurement à l'année dont ils portent la date. En voilà donc assez pour établir que, si, comme cela est fort possible, M. Buée n'a dû qu'à ses propres méditations les idées qu'il a développées dans son Mémoire, il demeure toujours certain que je n'avais pu avoir connaissance de ce Mémoire lorsque mon opuscule a paru.

FIN.

# TABLE DES MATIÈRES.

1013 — Imprimerie Gauthier-Villars, quai des Grands-Augustins, 55.

†**CHOQUET,** Docteur ès Sciences, ancien Répétiteur à l'École d'Artillerie de la Flèche. — **Traité d'Algèbre.** In-8; 1856. (*Autorisé*)....... 7 fr. 50 c.

†**LACROIX (S.-F.).**— **Éléments d'Algèbre,** à l'usage des candidats aux Écoles du Gouvernement. 23e édition, revue, corrigée et annotée conformément aux *nouveaux Programmes* de l'enseignement dans les Lycées, par M. *Prouhet*, Professeur de Mathématiques. In-8; 1871. (*Autorisé par décision ministérielle.*).... 6 fr.

†**LACROIX (S.-F.).** — **Complément des Éléments d'Algèbre** à l'usage de l'École centrale des Quatre-Nations. 7e édition. In-8; 1863.......... 4 fr.

**LAURENT (H.),** Répétiteur d'Analyse à l'École Polytechnique. — **Traité d'Algèbre** à l'usage des Candidats aux Écoles du Gouvernement. 2e édit., revue et mise en harmonie avec les nouveaux programmes. In-8; 1875. 7 fr. 50 c.

**LEFÉBURE DE FOURCY.**—**Leçons d'Algèbre.** 8e édition; 1870. 7 fr. 50 c.

†**LIONNET.** — **Algèbre élémentaire,** à l'usage des Candidats au Baccalauréat ès Sciences et aux Écoles du Gouvernement. 3e édition. In-8; 1868. 4 fr.

†**ROUCHÉ (E.),** ancien Élève de l'École Polytechnique, Professeur au Lycée Charlemagne. — **Éléments d'Algèbre,** à l'usage des Candidats au Baccalauréat ès Sciences et aux Écoles spéciales. In-8, avec 28 fig.; 1857... 4 fr.

†**SALMON.**— **Leçons d'Algèbre supérieure,** traduites de l'anglais par M. *Bazin*, avec Notes par M. *Hermite*, Membre de l'Institut. In-8; 1868..... 7 fr. 50 c.

†**SERRET (J.-A.),** Membre de l'Institut. — **Cours d'Algèbre supérieure.** 4e édition. 2 forts volumes in-8; 1877........................ 25 fr.

## GÉOMÉTRIE.

†**BELLAVITIS (G.).** — **Exposition de la Méthode des Équipollences,** traduit de l'italien par M. *Laisant*, capitaine du Génie. In-8, avec fig. dans le texte; 1874.......................................... 4 fr. 50 c.

†**CHASLES,** Membre de l'Institut.— **Aperçu historique sur l'origine et le développement des Méthodes en Géométrie, particulièrement de celles qui se rapportent à la Géométrie moderne,** suivi d'un *Mémoire de Géométrie sur deux principes généraux de la Science, la Dualité et l'Homographie.* 2e édition, conforme à la première. Un beau volume in-4 de 850 pages; 1875..... 35 fr.

†**CHASLES.** — **Traité des Sections coniques,** faisant suite au **Traité de Géométrie supérieure.** *Première Partie.* In-8, avec 5 planches; 1865...... 9 fr.
*La deuxième Partie, qui est sous presse, se vendra de même séparément.*

**COMPAGNON (P.-F.),** ancien Professeur de l'Université. — **Éléments de Géométrie.** Cet Ouvrage est surtout destiné aux jeunes gens qui se préparent aux Écoles du Gouvernement. 2e édition. In-8, avec figures; 1876...... 7 fr.

**COMPAGNON (P.-F.).** — **Abrégé des Éléments de Géométrie.** Cet Ouvrage s'adresse plus particulièrement aux Élèves des différentes classes de Lettres, aux Candidats au Baccal. ès Lettres ou ès Sc., et aux Élèves de l'Enseignement secondaire spécial. 2e édition. In-8, avec fig.; 1876. (*Autorisé par le Conseil supérieur de l'Enseignement secondaire spécial*)....... 4 fr. 50 c.

†**CREMONA (L.),** Directeur de l'École d'application des Ingénieurs, à Rome. — **Éléments de Géométrie projective;** traduits par *Ed. Dewulf*, Chef de bataillon du Génie. Un beau volume in-8, 216 figures sur cuivre, en relief, dans le texte; 1875.............................................. 6 fr.

†**HOÜEL (J.),** Professeur de Mathématiques pures à la Faculté des Sciences de Bordeaux. — **Essai critique sur les principes fondamentaux de la Géométrie élémentaire ou Commentaire sur les XXXII premières propositions des Éléments d'Euclide.** In-8, avec figures; 1867............... 2 fr. 50 c.

†**LACROIX (S.-F.).** — **Éléments de Géométrie,** suivis de *Notions sur les courbes usuelles.* 19e édition, conforme aux *Programmes* de l'enseignement dans les Lycées, revue et corrigée par M. *Prouhet*, Répétiteur à l'École Polytechnique. In-8, avec 220 fig. dans le texte; 1874. (*Autorisé par décision ministérielle.*). 4 fr.

†**MARIE (F.-C.-M.).** — **Géométrie stéréographique, ou Reliefs des Polyèdres pour faciliter l'étude des Corps,** en 25 pl. gravées dont 24 sur carton et découpées, d'après l'ouvrage anglais de *Cowley*. In-8; 1835......... 5 fr.

***PAUL** (de), Professeur à l'École municipale Turgot. — **Géométrie élémentaire, théorique et pratique**, Ouvrage rédigé surtout en vue des applications à l'industrie.

Première Partie : *Géométrie plane*, suivie d'un Exposé élémentaire du *Lever des Plans* et de l'*Arpentage*. In-18 sur jésus, avec 154 figures dans le texte; 1865........................................................ 2 fr. 50 c.

Deuxième Partie : *Géométrie dans l'espace*, suivie d'un Exposé élémentaire du *Nivellement*. In-18 jésus, avec 145 figures dans le texte; 1868.......... 2 fr.

**PONCELET**, Membre de l'Institut. — **Traité des Propriétés projectives des figures**. 2e édition, 1865-1866. 2 volumes in-4, avec de nombreuses planches gravées sur cuivre; 1865-1866.............................................. 40 fr.

*Le IIe volume se vend séparément*.......................................... 20 fr.

†**ROUCHÉ** (**E.**) et **DE COMBEROUSSE** (**Ch.**). —**Éléments de Géométrie**, rédigés conform. aux Program. 2e édit. In-8, avec fig. dans le texte; 1873. 5 fr.

†**ROUCHÉ** (**E.**) et **DE COMBEROUSSE** (**Ch.**). — **Traité de Géométrie élémentaire**, conforme aux Programmes officiels, renfermant un très-grand nombre d'exercices et plusieurs Appendices consacrés à l'exposition des PRINCIPALES MÉTHODES DE LA GÉOMÉTRIE MODERNE. 3e édition, revue et notablement augmentée. In-8, avec 611 fig. dans le texte et 1085 *Questions proposées*; 1873-1874. 12 fr.

*On vend séparément*

Ire Partie (*Géométrie plane*.)............................................ 5 fr.

IIe Partie (*Géométrie dans l'espace, Courbes et Surfaces usuelles*)..... 7 fr.

†**SERRET** (**Paul**), Docteur ès Sciences, Membre de la Société Philomathique. — **Géométrie de Direction.** APPLICATION DES COORDONNÉES POLYÉDRIQUES. *Propriété de dix points de l'ellipsoïde, de neuf points d'une courbe gauche du quatrième ordre, de huit points d'une cubique gauche*. In-8, avec fig. dans le texte; 1869... 10 fr.

†**TARNIER**, Inspecteur de l'Instruction primaire à Paris. — **Éléments de Géométrie pratique**, conformes au Programme de l'enseignement secondaire spécial (année préparatoire, Sciences), à l'usage des Écoles primaires et des divers établissements scolaires. In-8, avec figures dans le texte, accompagné d'un Atlas in-folio contenant 1 planche typographique et 7 belles planches coloriées gravées sur acier; 1872.

Prix du texte broché, avec l'Atlas en feuilles dans une couvert. imprimée. 6 fr.

Prix du texte cartonné et de l'Atlas cartonné sur onglets...... 8 fr. 75 c.

*On vend séparément :*

| | | | |
|---|---|---|---|
| Le texte, broché..... | 2 fr. 50 c. | Le texte, cartonné....... | 3 fr. 25 c. |
| L'Atlas, en feuilles. | 3 fr. 50 c. | L'Atlas, cart. sur onglets. | 5 fr. 50 c. |

Les 8 planches collées sur toile, et formant une *grande carte murale*, vernie, avec gorge et rouleau.......................................................... 12 fr.

Les 8 planches collées séparément sur carton, avec anneau........ 10 fr.

†**VIANT** (**J.**). — **Notions sur quelques courbes usuelles**, à l'usage des Candidats aux Écoles et au Baccalauréat. In-8, avec pl.; 1864.. 2 fr. 50 c.

## TRIGONOMÉTRIE.

†**BOURDON**. — **Trigonométrie rectiligne et sphérique**. 2e édition, revue et annotée par M. *Brisse*, Agrégé de l'Université, Professeur au Lycée Fontanes. In-8, avec figures dans le texte; 1877. (*Adopté par l'Université*.)....... 3 fr.

**CARÊME**. — **Trigonométrie rectiligne**. In-8, avec fig.; 1869... 2 fr. 50 c.

†**DELISLE**, Examinateur de la Marine, et **GERONO**, Professeur de Mathématiques. — **Éléments de Trigonométrie rectiligne et sphérique**. 7e édition, revue et augmentée. In-8, avec planches; 1876................... 3 fr. 50 c.

†**LACROIX** (**S.-F.**) — **Traité élémentaire de Trigonométrie rectiligne et sphérique et d'application de l'Algèbre à la Géométrie**. 11e édit., revue et corrigée. In-8, avec planches; 1863............................................ 4 fr.

***LE COINTE** (**?.-L.-A.**), de la Compagnie de Jésus, Professeur au collége Sainte-Marie, à Toulouse. — **Leçons sur la théorie des fonctions circulaires et la Trigonométrie**. 1 vol. in-8, avec figures dans le texte; 1858......... 4 fr.

†**SERRET** (J.-A.), Membre de l'Institut. — **Traité de Trigonométrie.** 5e éd., In-8, avec fig. dans le texte 1875. (*Autorisé par décision ministérielle.*) 4 fr.

## APPLICATION DE L'ALGÈBRE A LA GÉOMÉTRIE.

†**BOURDON.** — **Application de l'Algèbre à la Géométrie,** comprenant la Géométrie analytique à deux et à trois dimensions. 8e édition, revue et annotée par M. *Darboux.* In-8, avec pl.; 1875. (*Adopté par l'Université.*)..... 8 fr.

**CARNOY,** Professeur à l'Université de Louvain. — **Cours de Géométrie analytique.** 2 volumes grand in-8, avec figures dans le texte........... 18 fr.

*On vend séparément :*

*Géométrie plane,* 2e édition; 1876.................... 9 fr.
*Géométrie de l'espace;* 1874.......................... 9 fr.

†**DELISLE** et **GERONO.** — **Géométrie analytique.** In-8, avec pl.; 1854. 5 fr.

**LEFÉBURE DE FOURCY.** — **Leçons de Géométrie analytique.** 9e édition; 1871 ............................................ 7 fr. 50 c.

**PAINVIN** (L.). — **Principes de Géométrie analytique.** 2 volumes grand in-4 lithographiés, de plus de 800 pages chacun, avec nombreuses fig. dans le texte.

Ire Partie. — *Géométrie plane;* 1866........................ (*Épuisé.*)
IIe Partie. — *Géométrie de l'espace;* 1871........................ 23 fr.

**PONCELET.** — **Applications d'Analyse et de Géométrie** qui ont servi de principal fondement au **Traité des Propriétés projectives des figures.** 2 forts volumes in-8, avec figures dans le texte; 1862-1864............ 20 fr.
*Chaque volume se vend séparément*.................................... 10 fr.

†**SALMON.** — **Traité de Géométrie analytique** (*Sections coniques*); traduit de l'anglais par M. *Resal,* Ingénieur des Mines, et M. *Vaucheret,* ancien Élève de l'École Polytechnique. In-8, avec figures dans le texte; 1870.......... 10 fr.

## TABLES DE LOGARITHMES, D'INTÉRÊTS, ETC.

†**HOÜEL** (J.). — **Tables de Logarithmes à CINQ DÉCIMALES** pour les **Nombres et les Lignes trigonométriques,** suivies des Logarithmes d'addition et de soustraction ou Logarithmes de Gauss et de diverses Tables usuelles. Nouvelle édition. Grand in-8; 1877. (*Autorisé par décision ministérielle.*) 2 fr.

†**HOÜEL** (J.). — **Recueil de Formules et de Tables numériques,** formant le complément des *Tables de Logarithmes à cinq décimales* du même Auteur. 2e édition. Grand in-8; 1868................................ 4 fr. 50 c.

†**LALANDE.** — **Tables de Logarithmes pour les Nombres et les Sinus à CINQ DÉCIMALES,** revues par le baron *Reynaud.* Edition augmentée de *Formules pour la Résolution des Triangles,* par M. *Bailleul,* typographe, et d'une *Nouvelle Introduction.* In-18; 1876. (*Autorisé par décision ministérielle.*). 2 fr.

†**LALANDE.** — **Tables de Logarithmes,** étendues à **SEPT DÉCIMALES,** par F.-C.-M. *Marie,* précédées d'une Instruction, par le baron *Reynaud.* Nouvelle édition, augmentée de *Formules pour la Résolution des Triangles,* par M. *Bailleul,* typographe. In-12; 1877........................ 3 fr. 50 c.

†**LEONELLI.** — **Supplément logarithmique,** précédé d'une Notice sur l'Auteur, par M. *J. Hoüel,* Professeur de Mathématiques pures à la Faculté des Sciences de Bordeaux. 2e édition, réimprimée conformément à l'édition originale de l'an XI. In-8; 1876.......................................... 4 fr.

**PEREIRE** (E.). — **Tables de l'intérêt composé, des annuités et des rentes viagères.** 2e éd., augmentée de 8 *Tableaux graphiques.* In-4; 1873... 10 fr.

†**SCHRÖN** (L.). — **Tables de Logarithmes à sept décimales** pour les nombres depuis **1** jusqu'à **108000** et pour les lignes trigonométriques de dix secondes en dix secondes; et **Table d'interpolation pour le calcul des parties proportionnelles;** précédées d'une **Introduction** par *J. Hoüel,* Profes-

seur à la Faculté des Sciences de Bordeaux. 2 beaux volumes, grand in-8 jésus, tirés sur vélin collé. Paris, 1876.

| | PRIX : | |
|---|---|---|
| | Broché. | Cartonné. |
| Tables de Logarithmes | 8 fr. | 9 fr. 75 c. |
| Table d'interpolation | 2 | 3 25 |
| Tables de Logarithmes et Table d'interpolation réunies en un seul volume | 10 | 11 75 |

**VASQUEZ QUEIPO**, Membre de l'Académie royale des Sciences de Madrid. — **Tables de logarithmes à SIX DÉCIMALES,** pour les nombres depuis 1 jusqu'à 20000, et pour les lignes trigonométriques, le rayon étant pris égal à l'unité; suivies de plusieurs Tables très-utiles. 2e édition française. In-8; 1876. 4 fr.

**VASSAL (le major Vladimir)**, ancien Ingénieur. — **Nouvelles Tables** donnant avec cinq décimales les **logarithmes vulgaires et naturels** des nombres de 1 à 10800 et des **fonctions circulaires et hyperboliques**, pour tous les degrés du quart de cercle de minute en minute. Un beau volume in-4, imprimé sur vélin; 1872. 12 fr.

†**VIOLEINE (A.-P.)**, Chef de bureau au Ministère des Finances. — **Nouvelles Tables pour les calculs d'Intérêts composés, d'Annuités et d'Amortissement.** 3e édition (nouveau tirage), revue et développée par M. *Laas d'Aguen*, gendre de l'Auteur. In-4; 1876. 15 fr.

## GÉOMÉTRIE DESCRIPTIVE ET APPLICATIONS.

***CABANIÉ**, Charpentier, Professeur du Trait de Charpente, de Mathématiques, etc. — **Charpente générale théorique et pratique.** 2 volumes in-folio, avec planches. 2e édition; 1868. 50 fr.

On vend séparément : le tome Ier, **Bois droit**. 25 fr.
le tome II, **Bois croche**. 25 fr.

Pour recevoir l'Ouvrage *franco*, ajouter 2 fr. 50 c. par volume.

†**GOURNERIE (de la)**. — **Traité de Géométrie descriptive.** In-4, publié en *trois Parties*, avec Atlas. 30 fr.

*Chaque Partie se vend séparément*. 10 fr.

La 1re Partie (2e édit., 1873) contient tout ce qui est exigé pour l'admission à l'École Polytechnique. Les deux dernières Parties sont le développement du Cours de Géométrie descriptive professé à l'École Polytechnique.

**JULLIEN (A.)**, Licencié ès Sciences mathématiques et physiques. — **Méthode nouvelle pour l'enseignement de la Géométrie descriptive (Perspectives et Reliefs).**

La Méthode se compose d'un Cours élémentaire et d'une Collection de Reliefs, qui se vendent séparément, savoir :

**Cours élémentaire de Géométrie descriptive,** conforme au programme du Baccalauréat ès Sciences. In-18 jésus, avec figures et 143 planches intercalées dans le texte; 1875. Cartonné. 3 fr. 50 c.

**Collection de Reliefs** à pièces mobiles se rapportant aux questions principales du Cours élémentaire :

*Petite boîte* comprenant 30 reliefs, avec 118 pièces métalliques pour monter les reliefs et une Notice explicative. (*Port non compris.*) 10 fr.

*Grande boîte*, comprenant les mêmes reliefs tout montés. (*Port non compris.*) 15 fr.

**LACROIX (S.-F.)**. — **Essais de Géométrie sur les Plans et les Surfaces courbes (Éléments de Géométrie descriptive).** 7e édition, revue et corrigée. In-8, avec planches; 1840. 3 fr.

**LEFÉBURE DE FOURCY**. — **Traité de Géométrie descriptive.** 7e édition. 2 vol. in-8, dont un se compose de 32 planches; 1870. 10 fr.

†**LEROY (C.-F.-A.)**, ancien Professeur à l'École Polytechnique et à l'École Normale supérieure. — **Traité de Géométrie descriptive.** 10e édition, revue et annotée par M. *Martelet*, Professeur à l'École centrale des Arts et Manufactures. In-4, avec atlas de 71 planches; 1877. 16 fr.

†**LEROY** (C.-F.-A.). — **Traité de Stéréotomie**, comprenant les **Applications de la Géométrie descriptive à la Théorie des Ombres, la Perspective linéaire, la Gnomonique, la Coupe des Pierres et la Charpente.** 7e édition, revue et annotée par M. *Martelet*. In-4, avec atlas de 74 planches in-folio; 1877. 26 fr.

†**VIANT** (J.). — **Eléments de Géométrie descriptive, rédigés conformément au nouveau Programme de Saint-Cyr,** à l'usage des Candidats à ladite Ecole, à l'Ecole Navale, à l'École Forestière, et au Baccalauréat ès Sciences. In-8, avec Atlas de 16 planches; 1862.................................. 2 fr. 50 c.

## PERSPECTIVE. — DESSIN LINÉAIRE.

**BOUCHET** (Jules). — **Exercices de Dessin linéaire et de Lavis** à l'usage des aspirants à l'École centrale des Arts et Manufactures. (*Recueil approuvé par le Conseil des Études.*) In-folio oblong.............................. 6 fr.

*__CHEVILLARD__ (A.), Professeur à l'École des Beaux-Arts. — **Leçons nouvelles de Perspective.** In-8, avec Atlas de 32 planches in-4, gravées sur acier; 1868............................................ 12 fr.

**CRESSON** (A.-J.), Professeur à l'École d'Artillerie et au Lycée de Rennes. — **Principes de Dessin, grands modèles gradués** pour préparation à tous les genres. *Portefeuille de 40 Planches*, format demi-jésus (55 centimètres sur 38 centimètres), imprimées sur papier fort, et *Texte* in-8; 1865.............. 8 fr.

†**DELAISTRE** (L.), Professeur de Dessin général. — **Cours complet de Dessin linéaire, gradué et progressif,** contenant la Géométrie pratique, élémentaire et descriptive; l'Arpentage, la Levée des Plans et le Nivellement; le Tracé des Cartes géographiques; des Notions sur l'Architecture; le Dessin industriel; la Perspective linéaire et aérienne; le tracé des ombres et l'étude du Lavis. Quatre Parties, composées de 60 planches et 74 pages de texte in-4 oblong à deux colonnes, tirées sur jésus. 2e édition; 1873. Prix : cartonné..... 15 fr.

*Ouvrage donné en prix, par la Société d'Encouragement pour l'Industrie nationale, aux contre-maîtres des établissements industriels, et choisi par M. le Ministre de l'Instruction publique pour les bibliothèques scolaires.*

**GOURNERIE** (de la). — **Traité de Perspective linéaire.** 1 vol. in-4, avec atlas in-folio de 45 planches, dont 8 doubles; 1859................. 40 fr.

†**POUDRA**, Officier supérieur d'État-Major, ancien Professeur à l'École d'État-Major, ancien élève de l'École Polytechnique. — **Traité de Perspective-Relief,** contenant : 1° la construction des bas-reliefs; 2° le tracé des décorations théâtrales; 3° une théorie des apparences, avec les applications aux décorations architecturales; 4° des applications à la décoration des parcs et jardins. In-8, avec atlas de 18 planches; 1862............... 8 fr. 50 c.

†**THIERRY** fils, éditeur du *Vignole de poche*. — **Méthode graphique et géométrique, ou le Dessin linéaire** appliqué aux arts. 2e édition, revue et corrigée par M. *C.-F.-M. Marie*. Grand in-8 oblong, avec 50 pl.; 1846...... 6 fr.

*Ouvrage choisi par M. le Ministre de l'Instruction publique pour les bibliothèques scolaires.*

## COURS DE MATHÉMATIQUES. — PROBLÈMES.

†**BABINET**, de l'Institut, et **HOUSEL**. — **Calculs pratiques appliqués aux Sciences d'observation.** In-8, avec 75 figures dans le texte; 1857... 6 fr.

†**CATALAN** (E.), ancien élève de l'École Polytechnique. — **Manuel des Candidats à l'École Polytechnique.** 2 vol. in-18, avec 306 figures....... 9 fr.

Chaque volume se vend séparément.

Tome Ier : **Algèbre, Trigonométrie, Géométrie analytique à deux dimensions.** In-18, avec 167 figures dans le texte; 1857.................. 5 fr.

Tome II : **Géométrie analytique à trois dimensions, Mécanique.** In-18, avec 139 figures dans le texte; 1858.................................... 4 fr.

†**CHEVALLIER** et **MÜNTZ**. — **Problèmes de Mathématiques,** avec leurs solutions développées, à l'usage des Candidats au Baccalauréat ès Sciences et aux Écoles du Gouvernement. In-8, lithographié; 1872.............. 4 fr.

†**COMBEROUSSE** (Ch. de), Ingénieur, Professeur de Mécanique et Examinateur d'admission à l'École centrale des Arts et Manufactures. — **Cours de**

**Mathématiques**, à l'usage des Candidats à l'École Polytechnique, à l'École Normale supérieure et à l'École centrale des Arts et Manufactures. 3 volumes in-8, avec figures dans le texte et planches........................ 30 fr.

*Chaque volume se vend séparément, savoir :*

Tome Ier : *Arithmétique, Algèbre élémentaire.* 2e édition. In-8; 1876... 10 fr.

On vend à part : *Arithmétique*.................. 4 fr.
*Algèbre élémentaire*............ 6 fr.

Tome II : *Géométrie plane, Géométrie dans l'espace, Complément de Géométrie, Trigonométrie, Complément d'Algèbre* (avec figures dans le texte). 10 fr.

Tome III : *Géométrie analytique, Géométrie descriptive* (avec atlas de 53 planches, contenant 274 figures)........................................ 10 fr.

†**DUHAMEL.** — **Des Méthodes dans les sciences de raisonnement.** 4 volumes in-8; 1865-1866-1868-1870.................................... 27 fr. 50 c.

*On vend séparément :*

PREMIÈRE PARTIE : *Des Méthodes communes à toutes les sciences de raisonnement.* 2e édition. In-8; 1875.................................... 2 fr. 50 c.

DEUXIÈME PARTIE : *Application des Méthodes à la Science des nombres et à la Science de l'étendue.* 2e édition. In-8, avec figures; 1877... 7 fr. 50 c.

TROISIÈME PARTIE : *Application de la Science des nombres à la Science de l'étendue.* In-8, avec figures; 1868.......................... 7 fr. 50 c.

QUATRIÈME PARTIE : *Application des Méthodes à la Science des forces.* In-8, avec figures; 1870.................................... 7 fr. 50 c.

CINQUIÈME PARTIE : *Essai d'une application des Méthodes à la Science de l'homme moral.* In-8; 1873.................................. 2 fr. 50 c.

†**LE COINTE (I.-L.-A.).** — **Solutions développées de 300 Problèmes** qui ont été proposés dans les compositions mathématiques pour l'admission au *grade de Bachelier ès Sciences* dans diverses Facultés de France. In-8, avec figures dans le texte; 1865........................................ 6 fr.

***LONCHAMPT (A.).** — **Recueil des principaux Problèmes** posés dans les examens pour l'*École Polytechnique* et pour l'*École Centrale des Arts et Manufactures,* ainsi que dans les conférences des *Écoles préparatoires* les plus importantes. **Énoncés et solutions.** 1 vol. lithog., grand in-8; 1865.. 8 fr.

†**LONCHAMPT (A.)**, Préparateur aux Baccalauréats ès lettres et ès sciences, et aux Écoles du Gouvernement. — **Recueil de Problèmes** tirés des *compositions données à la Sorbonne,* de 1853 à 1875-1876, pour les *Baccalauréats ès Sciences,* suivis des **compositions** de Mathématiques élémentaires, de Physique, de Chimie et de Sciences naturelles, données aux *Concours généraux* de 1846 à 1875-1876, et de *types d'examens* du baccalauréat ès lettres et des baccalauréats ès sciences. 2e édition. In-18 jésus, avec figures dans le texte et pl.; 1876-1877.

(~~Les Ire, IIe et IIIe Parties paraîtront en Décembre~~ 1876.)

Ire PARTIE : **Arithmétique. — Algèbre. — Trigonométrie.**
*Questions*.... 1 fr. »
*Solutions*.... 1 fr. 80 c.

IIe PARTIE : **Géométrie**.................... *Questions*.... 1 fr. »
*Atlas*........ 60 c.
*Solutions*.... 2 fr. 80 c.

IIIe PARTIE : **Approximations numériques** (THÉORIE ET APPLICATION). — **Maxima et minima** (THÉORIE ET QUESTIONS). — **Courbes usuelles, Géométrie descriptive, Cosmographie, Mécanique.** *Théories* et *Questions*.. 1 fr. 50 c.
*Solutions*.. 1 fr. 50 c.

IVe PARTIE : **Physique. — Chimie**.......... *Questions*.. 1 f.
*Solutions*.. 2 f0

Ve PARTIE : **Types d'examens** du Baccalauréat ès lettres, du Baccalauréat ès sciences complet, du Baccalauréat ès sciences restreint. — **Compositions** de Mathématiques élémentaires et des Sciences physiques et naturelles données aux Concours généraux de 1849 à 1876.............

**MOUCHOT**, Professeur au Lycée de Tours. — **La Réforme cartésienne étendue aux diverses branches des Mathématiques.** Grand in-8; 1876. 5 fr.

## CALCUL DIFFÉRENTIEL ET INTÉGRAL ET ANALYSE MATHÉMATIQUE.

**AOUST** (l'abbé), Professeur d'Analyse à la Faculté de Marseille. — **Analyse infinitésimale des courbes tracées sur une surface quelconque.** In-8, avec figures dans le texte; 1869 .......... 7 fr.

**AOUST** (l'abbé). — **Analyse infinitésimale des courbes planes,** contenant la résolution d'un grand nombre de problèmes choisis, à l'usage des candidats à la licence ès sciences. In-8, avec 80 figures dans le texte; 1873. 8 fr. 50 c.

**AOUST** (l'abbé). — **Analyse infinitésimale des courbes dans l'espace.** In-8, avec 40 figures dans le texte; 1876 .......... 11 fr.

†**ARGAND** (R.). — **Essai sur une manière de représenter les quantités imaginaires dans les constructions géométriques.** 2e édition, précédée d'une préface par M. *J. Hoüel.* In-8, avec figures dans le texte; 1874 .......... 5 fr.

***BALTZER.** — **Théorie et application des Déterminants, avec l'indication des sources originales,** traduit de l'allemand par *J. Hoüel.* In-8; 1861 .. 5 fr.

**BELANGER** (J.-B.). — **Résumé de Leçons de Géométrie analytique et de Calcul infinitésimal.** 2e édition. In-8, avec planches; 1859 .......... 6 fr.

†**BERTRAND** (J.), Membre de l'Institut, Prof. à l'École Polyt. et au Collége de France. — **Traité de Calcul différentiel et de Calcul intégral.**
Calcul différentiel. In-4; 1864 .......... (*Rare.*)
Calcul intégral (*Intégrales définies et indéfinies*); 1870 .......... 30 fr.
Le troisième vol., Calcul intégral (*Équations différentielles*), est sous presse.

†**BOUCHARLAT** (J.-L.). — **Éléments de Calcul différentiel et de Calcul intégral.** 7e édition. In-8, avec planches; 1858 .......... 8 fr.

†**BRIOSCHI.** — **Théorie des Déterminants et leurs principales applications,** traduit de l'italien par M. *E. Combescure.* In-8; 1856 .......... 5 fr.

†**BRIOT** (Charles). — **Essais sur la Théorie mathématique de la Lumière.** In-8, avec figures dans le texte; 1864 .......... 4 fr.

†**BRIOT** (Ch.) et **BOUQUET.** — **Théorie des fonctions elliptiques,** 2e éd. In-4; 1875 .......... 30 fr.

†**CARNOT.** — **Réflexions sur la Métaphysique du Calcul infinitésimal.** In-8, avec planche, 4e édit.; 1860 .......... 4 fr.

†**CATALAN** (E.). — **Traité élémentaire des Séries.** Grand in-8; 1860. 5 fr.

†**CLAUSIUS** (R.). — **De la Fonction potentielle et du potentiel;** traduit de l'allemand sur la 2e édition, par *F. Folie.* In-8; 1870 .......... 4 fr.

†**DOSTOR** (G.), Docteur ès Sciences, Professeur à la Faculté des Sciences de l'Université catholique de Paris. — **Éléments de la Théorie des Déterminants,** avec application à l'Algèbre, la Trigonométrie et la Géométrie analytique dans le plan et dans l'espace. In-8 de XXXII-352 pages; 1877 .......... 8 fr.

†**DUHAMEL,** Membre de l'Institut. — **Éléments de Calcul infinitésimal.** 3e édition, revue et annotée par M. *J. Bertrand,* Membre de l'Institut. 2 vol. in-8; 1874-1875 .......... 15 fr.

**FAÀ DE BRUNO** (le Chevalier Fr.). — **Théorie des formes binaires.** Un fort volume in-8; 1876 .......... 16 fr.

†**FAÀ DE BRUNO** (le Chevalier Fr.). — **Traité élémentaire du Calcul des Erreurs, avec des Tables stéréotypées.** In-8; 1869 .......... 4 fr.

†**FAÀ DE BRUNO** (le Chevalier Fr.). — **Théorie générale de l'élimination.** Grand in-8; 1859 .......... 3 fr. 50 c.

†**FRENET.** — **Recueil d'exercices sur le Calcul infinitésimal.** 3e édition. In-8, avec figures dans le texte; 1873 .......... 7 fr. 50 c.

***FREYCINET** (Charles de). — **De l'Analyse infinitésimale, Étude sur la métaphysique du haut calcul.** In-8, avec figures; 1860 .......... 6 fr.

**GAUSSIN,** Ingénieur hydrographe de la Marine. — **Définition du Calcul quotientiel d'Eugène Gounelle.** In-4; 1876 .......... 2 fr.

†**HERMITE (Ch.)**, Membre de l'Institut, Professeur à l'École Polytechnique et à la Faculté des Sciences. — **Cours d'Analyse de l'École Polytechnique.** PREMIÈRE PARTIE, contenant le *Calcul différentiel* et les *Premiers principes du Calcul intégral*. Un fort volume in-8, avec gravures dans le texte; 1873. 14 fr.
La SECONDE PARTIE contiendra la fin du *Calcul intégral*.

**HOÜEL (J.)**. — **Théorie élémentaire des quantités complexes.** — Grand in-8, avec figures dans le texte :

1re PARTIE : *Algèbre des quantités complexes*; 1867......... (*Rare.*)
2e PARTIE : *Théorie des fonctions uniformes*; 1868......... (*Rare.*)
3e PARTIE : *Théorie des fonctions multiformes*; 1871....... 3 fr.
4e PARTIE : *Théorie des quaternions*; 1874............... 8 fr.

La 1re PARTIE se trouve encore dans le tome V (prix : 10 fr. 50) et la 2e PARTIE dans le tome VI (prix : 11 fr.) des *Mémoires de la Société des Sciences Physiques et Naturelles de Bordeaux*. (*Voir* le Catalogue général.)

†**IMSCHENETSKY.** — **Étude sur les méthodes d'intégration des équations aux dérivées partielles du second ordre d'une fonction de deux variables indépendantes**; traduit du russe par *J. Hoüel*. In-8; 1873........... 5 fr.

**JORDAN (Camille)**, Ingénieur des Mines. — **Traité des Substitutions et des Equations algébriques.** In-4; 1870.............................. 30 fr.

†**JOUBERT (Le P.)**, Professeur à l'École Sainte-Geneviève. — **Sur les équations qui se rencontrent dans la théorie des fonctions elliptiques.** In-4; 1876.................................................... 5 fr.

†**JOURNAL DE L'ÉCOLE POLYTECHNIQUE**, publié par le Conseil d'Instruction de cet Établissement. — QUARANTE-QUATRIÈME CAHIER. In-4; 1874. 12 fr.

†**LACROIX (S.-F.)**. — **Traité élémentaire de Calcul différentiel et de Calcul intégral.** 8e édition, revue et augmentée de Notes par MM. *Hermite* et *J.-A. Serret*, membres de l'Institut. 2 vol. In-8, avec pl.; 1874....... 15 fr.

†**LAGRANGE.** — Œuvres de Lagrange, publiées par les soins de M. *J.-A. Serret*, Membre de l'Institut, sous les auspices du Ministre de l'Instruction publique, Tomes I, II, III, IV, V, VI, VII. In-4; 1867-1877.

Prix des 7 volumes achetés ensemble.............................. 175 fr.
Chaque volume se vend séparément.............................. 30 fr.

**LAISANT**, Capitaine du Génie. — **Essai sur les fonctions hyperboliques.** Grand in-8, avec figures dans le texte; 1874.................. 3 fr. 50 c.

†**LAMÉ (G.)**. — **Leçons sur les Fonctions inverses des transcendantes et les surfaces isothermes.** In-8, avec figures dans le texte; 1857........... 5 fr.

†**LAMÉ (G.)**. — **Leçons sur les Coordonnées curvilignes et leurs diverses applications.** In-8, avec figures dans le texte; 1859.................... 5 fr.

†**LAURENT (H.)**. — **Traité du Calcul des probabilités.** In-8; 1873. 7 fr. 50 c.

†**LEBESGUE.** — **Exercices d'Analyse numérique**, relatifs à l'**Analyse indéterminée et à la Théorie des nombres.** In-8; 1859............ 2 fr. 50 c.

**MANSION (Paul)**, Professeur à l'Université de Gand. — **Théorie des équations aux dérivées partielles du premier ordre.** In-8; 1875......... 6 fr.

**MARIE (Maximilien)**, Répétiteur à l'École Polytechnique. — **Théorie des fonctions des variables imaginaires.** 3 vol. grand in-8; 1874-1875-1876. 20 fr.

**MOIGNO (l'Abbé)**. — **Leçons de Calcul différentiel et de Calcul intégral**, rédigées d'après les méthodes et les ouvrages publiés ou inédits de *A.-L. Cauchy*. Tome IV, *premier fascicule*. — **Calcul des variations**, rédigé en collaboration avec M. *Lindelof*. In-8; 1861........................................ 6 fr.

†**MOUREY (C.-V.)**. — **La vraie Théorie des Quantités négatives et des Quantités prétendues imaginaires.** 2e édition. In-12; 1861.... 2 fr. 50 c.

†**SERRET (J.-A.)**, Membre de l'Institut. — **Cours de Calcul différentiel et intégral.** 2 forts volumes in-8.

†**STURM**, Membre de l'Institut. — **Cours d'Analyse de l'École Polytechnique.** 5e édition, revue et corrigée par M. *E. Prouhet*, Répétiteur d'Analyse à l'École Polytechnique. 2 vol. in-8, avec figures dans le texte; 1877.... 12 fr.

†**TISSERAND,** Correspondant de l'Institut, Directeur de l'Observatoire de Toulouse, ancien Maître de Conférences à l'École des Hautes Études de Paris. — **Recueil complémentaire d'exercices sur le Calcul infinitésimal,** à l'usage des candidats à la Licence et à l'Agrégation des Sciences mathématiques. (Cet Ouvrage forme une suite naturelle à l'excellent *Recueil d'Exercices* de M. Frenet.) In-8, avec figures dans le texte; 1876............. 7 fr. 50 c.

**VALLÈS (F.),** Inspecteur général honoraire des Ponts et Chaussées.—**Des formes imaginaires en Algèbre.**

1re Partie : *Leur interprétation en abstrait et en concret.* In-8; 1869.. 5 fr.

2e Partie : *Intervention de ces formes dans les équations des cinq premiers degrés.* Grand in-8, lithographié, avec 3 planches; 1873......... 6 fr.

†3e Partie : *Représentation à l'aide de ces formes des directions dans l'espace.* In-8; 1876.............................................. 5 fr.

## MÉCANIQUE APPLIQUÉE ET RATIONNELLE.

†**BENOIT (P.-M.-N.),** Ingénieur civil. — **La Règle à Calcul expliquée, ou Guide du Calculateur à l'aide de la Règle logarithmique à tiroir.** Fort volume in-12, avec pl.; 1853.......................................... 5 fr.

**La Règle à Calcul** (*Instrument par Gravet-Lenoir*) se vend séparément. 6 fr.

†**BOUCHARLAT (J.-L.).** — **Éléments de Mécanique.** 4e édit. 1 vol. in-8, avec planches; 1861.............................................. 8 fr.

†**BOUR (Edm.),** Ingénieur des Mines. — **Cours de Mécanique et Machines,** professé à l'École Polytechnique.

*Cinématique.* In-8, avec Atlas de 30 planches in-4 gravées sur acier; 1865. 10 fr.

*Statique et travail des forces dans les Machines à l'état de mouvement uniforme.* In-8, avec Atlas de 8 planches in-4, gravées sur acier; 1868.......... 6 fr.

*Dynamique et Hydraulique.* In-8, avec 125 figures dans le texte; 1874. 7 fr. 50 c.

†**BRESSE,** Professeur de Mécanique à l'École des Ponts et Chaussées, Répétiteur à l'École Polytechnique. — **Cours de Mécanique appliquée, professé à l'École des Ponts et Chaussées.** 3 vol. in-8, et Atlas in-folio de 24 pl. 32 fr.

*Chaque Partie se vend séparément.*

Première Partie : *Résistance des Matériaux et Stabilité des Constructions.* — 2e édition. In-8, avec figures dans le texte; 1866 ................ 8 fr.

Deuxième Partie : *Hydraulique.* — 2e édition. In-8, avec figures dans le texte et une planche; 1868.......................................... 8 fr.

Troisième Partie : *Calcul des Moments de flexion dans une poutre à plusieurs travées solidaires.* — In-8, avec planche et Atlas in-folio de 24 planches sur cuivre; 1865.............................................. 16 fr.

†**CALLON (Ch.).** — **Cours de construction de machines,** professé à l'École Centrale des Arts et Manufactures. Album cartonné, contenant 118 planches in-folio de dessins avec cotes et légendes (*Matériel agricole, Hydraulique*); 1875.............................................. 30 fr.

†**DENFER,** Chef des travaux graphiques à l'École Centrale.— **Album de serrurerie,** conforme au cours de Constructions civiles professé à l'École Centrale par *E. Muller*, et contenant *l'emploi du fer dans la maçonnerie et dans la charpente en bois, la charpente en fer, les ferrements des menuiseries en bois, la menuiserie en fer, les grosses fontes et articles divers de quincaillerie.* Grand in-4, contenant 100 belles planches lithographiées; 1872................ 13 fr.

†**DULOS (Pascal),** Professeur de Mécanique à l'École d'Arts et Métiers et à l'École des Sciences d'Angers. — **Cours de Mécanique,** à l'usage des écoles d'Arts et Métiers et de l'enseignement spécial des Lycées. 3 volumes in-8 avec belles figures gravées sur bois dans le texte; 1875-1876-1877.

*On vend séparément chaque tome :*

Tome I : *Composition des forces. — Equilibre des corps solides. — Centre de gravité. — Machines simples. — Ponts suspendus. — Travail des forces. — Principe des forces vives. — Moments d'inertie. — Force centrifuge. — Pendule simple et pendule composé. — Centre de percussion. — Régulateur à force centrifuge. — Pendule balistique*.......................................... 7 fr. 50 c.

TOME II : *Résistances nuisibles ou passives. — Frottement. — Application aux machines. — Roideur des cordes. — Application du théorème des forces vives à l'établissement des machines. — Théorie des volants. — Résistance des matériaux*.......................................... 7 fr. 50 c.

TOME III : *Hydraulique. — Ecoulement des fluides. — Jaugeage des cours d'eau. — Etablissement des canaux à régime constant. — Récepteurs hydrauliques. — Travail des pompes. — Bélier hydraulique. — Vis d'Archimède. — Moulins à vent*.......................................... 7 fr. 50 c.

TOME IV : *Machines à vapeur. — Notions générales sur la Thermodynamique. — Chaudières à vapeur. — Calcul des volants. — Distribution de la vapeur dans les cylindres. — Courbes de réglementation. — Appareils dynamométriques.*

(*Sous presse.*)

†**ERMEL**, Professeur à l'Ecole centrale des Arts et Manufactures. — **Album des éléments et organes de Machines**, traités dans le Cours de constructions de Machines à l'École Centrale; suivi de planches relatives aux Machines soufflantes, par M. *Jordan*, Professeur du Cours de Métallurgie. Portefeuille oblong, cartonné, contenant 19 planches de texte explicatif et 102 planches de dessins cotés; 1870.......................................... 13 fr.

**GILBERT (Ph.)**, Professeur à la Faculté des Sciences de l'Université catholique de Louvain. — **Cours de Mécanique analytique**. Partie élémentaire. Un volume grand in-8; 1877.......................................... 9 fr. 50 c.

†**HATON DE LA GOUPILLIÈRE (J.-N.)**, Professeur de Mécanique à l'École des Mines. — **Traité théorique et pratique des Engrenages**. In-8, avec fig. dans le texte; 1861.......................................... 3 fr. 50 c.

†**HATON DE LA GOUPILLIÈRE (J.-N.)**. — **Traité des Mécanismes**, renfermant la théorie géométrique des organes et celle des résistances passives. In-8, avec planches; 1864.......................................... 10 fr.

†**HIRN (G.-A.)**. — **Théorie analytique du Planimètre Amsler**. Grand in-8, avec planche; 1875.......................................... 2 fr. 50 c.

†**JULLIEN (le P.)**, de la Compagnie de Jésus. — **Problèmes de Mécanique rationnelle** disposés pour servir d'application aux principes enseignés dans les Cours. Cet ouvrage renferme les questions nouvellement introduites dans le Programme de la Licence et de nombreuses applications pratiques. 2 vol. in-8, avec figures dans le texte. 2e édition, revue et augmentée; 1866-1867. 15 fr.

***KRETZ (X.)**, Ingénieur en chef des Manufactures de l'Etat. — **Mémoire sur les conditions à remplir dans l'emploi du frein dynamométrique**. In-4, avec figures; 1873.......................................... 2 fr. 50 c.

†**KRETZ (X.)**. — **Matière et Ether**, *indication d'une méthode pour établir les propriétés de l'Ether*. In-18 jésus; 1875.......................................... 1 fr. 50 c.

†**LAGRANGE**. — **Mécanique analytique**. 3e éd., revue, corrigée et annotée par M. *J. Bertrand*, de l'Institut. 2 vol. in-4; 1855.......................................... 40 fr.

**LAURENT (H.)**. — **Traité de Mécanique rationnelle**, à l'usage des Candidats à l'Agrégation et à la Licence. 2 vol. in-8, avec fig.; 1870....... 12 fr.

†**LEVY (Maurice)**, Ingénieur des Ponts et Chaussées, Docteur ès Sciences. — **La Statique graphique** et ses *Applications aux constructions*. Un beau volume grand in-8, avec un Atlas même format, comprenant 24 planches doubles; 1874.......................................... 16 fr. 50 c.

†**LOYAU (Achille)**, Ingénieur des Arts et Manufactures. — **Album de charpentes en bois**, renfermant différents types de *planchers, pans de bois, combles, échafaudages, ponts provisoires*, etc. Grand in-4, contenant 120 planches de dessins cotés; 1873.......................................... 25 fr.

***MAHISTRE**. — **Cours de Mécanique appliquée**. In-8, avec 211 figures dans le texte; 1858.......................................... 8 fr.

†**MASTAING (de)**, Professeur à l'Ecole centrale des Arts et Manufactures. — **Cours de Mécanique appliquée à la résistance des matériaux**. Leçons professées à l'Ecole Centrale de 1862 à 1872 par M. de Mastaing et rédigées par M. *Courtès-Lapeyrat*, Ingénieur, répétiteur du Cours. Grand in-8, avec nombreuses figures dans le texte et planche; 1874.......................................... 15 fr.

**IOIGNO** (l'Abbé). — **Leçons de Mécanique analytique,** rédigées principalement d'après les méthodes de *Cauchy*, et étendues aux travaux les plus récents. **Statique.** In-8, avec planches; 1868.................... 12 fr.

**HILLIPS,** Membre de l'Institut. — **Cours d'Hydraulique et d'Hydrostatique,** professé à l'École Centrale des Arts et Manufactures. (La rédaction est de M. *Al. Gouilly*, Agrégé des lycées, répétiteur du cours de M. Phillips.) Grand in-8 avec figures dans le texte; 1875........................ 15 fr.

**IARRON DE MONDESIR,** Ingénieur des Ponts et Chaussées. — **Dialogues sur la Mécanique,** *Méthode nouvelle* pour l'enseignement de cette science, résultats scientifiques nouveaux. In-8, avec fig. dans le texte; 1870... 6 fr.

**OINSOT (L.),** Membre de l'Institut. — **Éléments de Statique,** précédés d'une *Notice sur Poinsot*, par M. J. Bertrand, membre de l'Institut. (*Ouvrage adopté pour l'Instruction publique.*) 12e édit. In-8, avec pl.; 1877.... 6 fr.

**OISSON (S.-D.),** Membre de l'Institut. — **Traité de Mécanique.** 2e édition, considérablement augmentée; 2 forts vol. in-8; 1833. ........ 18 fr.

**ONCELET,** Membre de l'Institut. — **Introduction à la Mécanique industrielle, physique ou expérimentale.** 3e édition, publiée par M. *Kretz*, Ingénieur en chef des Manufactures de l'État. In-8 de 757 pages, avec 3 planches; 1870................................................ 12 fr.

**ONCELET,** Membre de l'Institut. — **Cours de Mécanique appliquée aux machines,** publié par M. *Kretz*, Ingénieur en chef des Manufactures de l'État. 2 volumes in-8.

1re Partie : *Machines en mouvement, Régulateurs et transmissions, Résistances passives*, avec 117 figures dans le texte et 2 planches; 1874....... 12 fr.

2e Partie : *Mouvement des fluides, Moteurs, Ponts-levis*, avec 111 figures; 1876................................................ 12 fr.

**RESLE** (de), ancien Élève de l'École Polytechnique. — **Traité de Mécanique rationnelle.** In-8, avec 95 figures dans le texte; 1869........... 5 fr.

**ESAL (H.),** Ingénieur des Mines. — **Traité de Cinématique pure.** In-8, avec figures dans le texte; 1862.................................... 6 fr.

**ESAL (H.).** — **Éléments de Mécanique,** rédigés d'après les leçons de Mécanique physique professées à la Faculté des Sciences de Paris par M. Poncelet. Nouvelle édition, revue et corrigée. In-8, avec planches; 1862... 4 fr. 50 c.

**ESAL (H.),** Membre de l'Institut, Ingénieur des Mines, adjoint au Comité d'Artillerie pour les études scientifiques. — **Traité de Mécanique générale,** comprenant les *Leçons professées à l'École Polytechnique*. 4 vol. in-8, se vendant séparément :

Tome I : *Cinématique. — Théorèmes généraux de la Mécanique. — De l'équilibre et du mouvement des corps solides.* In-8, avec figures dans le texte; 1873............................................ 9 fr. 50 c.

Tome II : *Frottement. — Équilibre intérieur des corps. — Théorie mathématique de la poussée des terres. — Équilibre et mouvements vibratoires des corps isotropes. — Hydrostatique. — Hydrodynamique. — Hydraulique. — Thermodynamique, suivie de la théorie des armes à feu.* In-8; 1874......... 9 fr. 50 c.

Tome III : *Des machines considérées au point de vue des transformations de mouvement et de la transformation du travail des forces. — Application de la Mécanique à l'Horlogerie.* — In-8, avec belles figures ombrées dans le texte; 1875................................................ 11 fr.

Tome IV : *Moteurs animés. — De l'eau et du vent considérés comme moteurs. — Machines hydrauliques et élévatoires. — Machines à vapeur, à air chaud et à gaz.* In-8, avec 200 belles figures, levées et dessinées d'après les meilleurs types; 1876................................................ 15 fr.

**AINT-GERMAIN** (de), Professeur de Mécanique à la Faculté des Sciences de Caen, ancien Maître de Conférences à l'École des Hautes Études de Paris. — **Recueil d'Exercices sur la Mécanique rationnelle,** à l'usage des candidats à la Licence et à l'Agrégation des Sciences mathématiques. In-8, avec figures dans le texte; 1876.............................. 8 fr. 50 c.

**TURM,** Membre de l'Institut. — **Cours de Mécanique de l'École Polytechnique,** publié, d'après le vœu de l'auteur, par M. *E. Prouhet*, Répétiteur à l'École Polytechnique. 3e édit. 2 vol. in-8, avec fig. dans le texte; 1875. 12 fr.

**IEILLE (J.),** Inspecteur général de l'Instruction publique. — **Éléments de Mécanique,** rédigés conformément au Programme du nouveau plan d'études des Lycées. 3e édition. In-8, avec figures dans le texte; 1875... 4 fr. 50 c.

## THÉORIE MÉCANIQUE DE LA CHALEUR.

†**BOURGET**, Directeur des études au Collége Sainte-Barbe. — **Théorie mathématique des Machines à air chaud.** In-4, avec fig.; 1871........ 4 fr.

†**BRIOT (Ch.)**, Professeur suppléant à la Faculté des Sciences. — **Théorie mécanique de la Chaleur.** In-8, avec figures dans le texte; 1869... 7 fr. 50 c.

***DUPRÉ (Ath.)**, Doyen de la Faculté des Sciences de Rennes. — **Théorie mécanique de la Chaleur** (Partie expérimentale en commun avec M. *Paul Dupré*). In-8, avec figures dans le texte; 1869........................... 8 fr.

**COMBES**, Membre de l'Institut. — **Exposé des principes de la Théorie mécanique de la chaleur et de ses applications principales.** In-8, avec fig.; 1867........................................................ 6 fr.

†**HIRN (G.-A.)**, Correspondant de l'Institut. — **Théorie mécanique de la Chaleur.** Première Partie et seconde Partie :

Première Partie. — **Exposition analytique et expérimentale de la Théorie mécanique de la Chaleur.** 3e édition, entièrement refondue. 2 vol. in-8 grand raisin, avec figures dans le texte. Tome I; 1875............. 12 fr.
Tome II; 1876............. 12 fr.

Seconde Partie (formant Ouvrage séparé). — **Conséquences philosophiques et métaphysiques de la Thermodynamique.** Analyse élémentaire de l'Univers. In-8 grand raisin; 1868.............................. 10 fr.

†**HIRN (G.-A.)**. — **Mémoire sur la Thermodynamique.** In-8, avec 2 planches. 1867........................................................ 5 fr.

**JACQUIER**, Professeur de l'Université. — **Exposition élémentaire de la Théorie mécanique de la chaleur appliquée aux machines.** In-8, avec fig. dans le texte; 1867............................................. 2 fr.

†**MOUTIER (J.)**, Professeur au Collége Stanislas. — **Éléments de Thermodynamique.** In-18 jésus; 1872.............................. 2 fr. 50 c.

†**REECH.** — **Théorie générale des effets dynamiques de la Chaleur.** In-4, avec planches; 1854............................................ 6 fr.

**SAINT-ROBERT (Paul de).** — **Principes de Thermodynamique.** .e édit. In-8, avec figures dans le texte; 1870............................ 15 fr.

**TYNDALL (J.).** — **Chaleur et froid**; traduit de l'anglais par M. l'Abbé **Moigno.** In-18 jésus, avec figures dans le texte; 1868........................ 2 fr.

***TYNDALL (J.).** — **La Chaleur,** *Mode de mouvement.* 2e édition française, traduite de l'anglais sur la 4e édition, par M. *l'Abbé Moigno.* Un beau volume in-18 jésus de xxxii-576 pages, avec 110 figures dans le texte; 1874... 8 fr.

†**ZEUNER,** Professeur de Mécanique à l'École Polytechnique fédérale de Zurich. — **Théorie mécanique de la Chaleur,** avec ses Applications aux Machines. 2e édit., entièrement refondue, avec fig. dans le texte et nombreux tableaux. Ouvrage traduit de l'allemand et augmenté d'un *Appendice;* par M. *M. Arnthal,* ancien Élève de l'École des Ponts et Chaussées, et M. *Ach. Cazin,* Professeur de Physique au Lycée Bonaparte. Un fort volume in-8; 1869....... 10 fr.

## ASTRONOMIE ET COSMOGRAPHIE.

†**ANDRÉ (Ch.)**, Astronome adjoint à l'Observatoire de Paris. — **Étude de la diffraction dans les instruments d'optique; son influence sur les observations astronomiques.** In-4; 1876...................................... 4 fr.

***ANDRÉ** et **RAYET**, Astronomes adjoints de l'Observatoire de Paris, et **ANGOT,** Professeur de Physique au Lycée de Versailles. — **L'Astronomie pratique et les Observatoires en Europe et en Amérique,** depuis le milieu du xvıie siècle jusqu'à nos jours. In-18 jésus, avec belles figures dans le texte et planches en couleur.

Ire Partie : *Angleterre;* 1874.................................. 4 fr. 50 c.
IIe Partie : *Écosse, Irlande et colonies anglaises;* 1874.... 4 fr. 50 c.

III^e Partie : *Amérique du Nord*; 1877.......................... 4 fr. 50 c.
IV^e Partie : *Amérique du Sud*, et Météorologie américaine. (Sous presse.)
V^e Partie : *Italie*.......................................... (Sous presse.)
VI^e Partie : *Europe continentale*............................ (Sous presse.)
*Chaque Partie se vend séparément.*

†**ANNUAIRE PUBLIÉ PAR LE BUREAU DES LONGITUDES pour 1877**, contenant des Notices scientifiques : *Sur les Orages et sur la formation de la grêle*; par M. Faye, membre de l'Institut. — *Déclinaison de l'aiguille aimantée*; par M. Marié-Davy. — In-18 avec 2 planches et la carte des courbes d'égale déclinaison magnétique en France.......................... 1 fr. 50 c.
*Pour recevoir l'***Annuaire** *franco par la poste en France, ajouter* 35 c.

†**ANNUAIRE MÉTÉOROLOGIQUE ET AGRICOLE DE L'OBSERVATOIRE DE MONTSOURIS, pour l'an 1877.** Météorologie, Agriculture, Hygiène. 6^e année, contenant le résumé des travaux de l'année 1876 : *Magnétisme terrestre, Electricité atmosphérique, Hauteurs barométriques, Températures de l'eau et du sol, Actinométrie, État du ciel et des vents, Analyse chimique de l'air et des pluies, Météorologie agricole, Climatologie appliquée à l'hygiène, Poussières organiques de l'air et des eaux, Carte magnétique de la France, Déclinaison et inclinaison de l'aiguille aimantée, Notice sur M.* Charles Sainte-Claire Deville. In-18, avec nombreuses figures dans le texte et une carte magnétique.......................................................... 2 fr.

**ATLAS MÉTÉOROLOGIQUE pour 1875,** rédigé par l'*Observatoire de Paris*. In-plano, contenant 60 cartes; 1877.......................... 20 fr.
Pour les *Atlas* des années précédentes, *voir* le Catalogue général.

†**BABINET** (de l'Institut). — **Études et Lectures sur les Sciences d'observation et leurs applications pratiques.** 8 vol. in-12 sur papier fin; 1855-1868.
Chaque volume se vend séparément.......................... 2 fr. 50 c.

†**BERTRAND (J.)**, Membre de l'Institut. — **La Théorie de la Lune d'Aboul-Wefâ.** In-4; 1873.......................... 1 fr. 50 c.

†**BIOT**, Membre de l'Académie des Sciences. — **Traité élémentaire d'Astronomie physique.** 3^e édition, corrigée et augmentée. 5 vol. in-8, avec 94 planches; 1857.......................... 40 fr.

***BRÜNNOW (F.)**, Directeur de l'Observatoire de Dublin. — **Traité d'Astronomie sphérique et d'Astronomie pratique.** Édition française, publiée par *C. André* et *E. Lucas*; avec une Préface de *M. C. Wolf*. 2 vol. in-8, av. fig. 20 fr.
*On vend séparément :*
I^re Partie : *Astronomie sphérique*; 1869.......................... 10 fr.
II^e Partie : *Astronomie pratique*; 1872.......................... 10 fr.

†**CONNAISSANCE DES TEMPS** ou **DES MOUVEMENTS CÉLESTES,** publiée par le Bureau des Longitudes **pour l'année 1878 :**
Prix : *Sans Additions*.......................... 5 fr.
*Avec Additions*.......................... 7 fr. 50 c.
*Pour recevoir l'Ouvrage franco par la poste en France, ajouter* 1 *fr.*
La *Connaissance des Temps* a reçu, à partir de 1876, des augmentations considérables et des perfectionnements très-importants. Elle forme, Additions non comprises, un fort volume de 50 feuilles environ.

**CROVA**, Professeur à la Faculté des Sciences de Montpellier. — **Mesure de l'intensité calorifique des radiations solaires et de leur absorption par l'atmosphère terrestre.** In-4, avec 3 planches; 1876.......................... 4 fr.

†**DELAMBRE**, Membre de l'Institut. — **Traité complet d'Astronomie théorique et pratique.** 3 vol. in-4, avec planches; 1814.......................... 40 fr.
— **Histoire de l'Astronomie ancienne.** 2 vol. in-4, avec pl.; 1817. 25 fr.
— **Histoire de l'Astronomie du moyen âge.** 1 vol. in-4, pl.; 1819. 20 fr.
— **Histoire de l'Astronomie moderne.** 2 vol. in-4, avec pl.; 1821. 30 fr.
— **Histoire de l'Astronomie au XVIII^e siècle**; publiée par *M. Mathieu*, Membre de l'Institut. In-4, avec planches; 1827.......................... 20 fr.

†**DIEN (Ch.)** et **FLAMMARION (C.)**. — **Atlas céleste**, comprenant toutes les cartes de l'ancien *Atlas* de **Ch. Dien**; rectifié, augmenté et enrichi de

5 Cartes nouvelles relatives aux principaux objets d'études astronomiques, par **C. Flammarion**; avec une *Instruction* détaillée pour les diverses Cartes de l'Atlas. In-folio, cartonné avec luxe, de 31 planches gravées sur cuivre, dont 5 doubles. 3e édition.

PRIX (1) : { EN FEUILLES, dans une couverture imprimée.. 40 fr.
CARTONNÉ AVEC LUXE, toile pleine........... 45 fr.

*On vend séparément :*

**Fascicule contenant les 5 Cartes nouvelles**........................ **15 fr.**

Ces Cartes sont assemblées dans une couverture imprimée avec l'*Instruction* composée pour la nouvelle édition de l'Atlas. — I. Mouvements propres séculaires des Etoiles (Carte double); — II. Carte générale des Etoiles multiples, montrant leur distribution dans le Ciel (Carte double); — III. Etoiles multiples en mouvement relatif certain; — IV. Orbites d'Étoiles doubles, et groupes d'Etoiles les plus curieux du Ciel; — V. Les plus belles nébuleuses du Ciel.

†**DUBOIS** (**Edm.**), Examinateur-Hydrographe de la Marine. — **Les passages de Vénus sur le disque solaire**, considérés au point de vue de la détermination de la distance du Soleil à la Terre; *Passage de* 1874; *Notions historiques sur les passages de* 1761 *et* 1769. In-18 jésus, avec fig.; 1873..... 3 fr. 50 c.

†**FLAMMARION** (**Camille**), Astronome. — **Études et Lectures sur l'Astronomie.** In-12; tomes I à VII, avec Cartes; 1867-1876.
*Chaque volume se vend séparément*......................... 2 fr. 50 c.

†**FRANCOEUR** (**L.-B.**). — **Uranographie, ou Traité élémentaire d'Astronomie**, à l'usage des personnes peu versées dans les Mathématiques, des Géographes, des Marins, des Ingénieurs, accompagné de Planisphères. 6e édition. In-8, avec planches; 1853.................................... 10 fr.

†**GAZAN**, ancien Elève de l'Ecole Polytechnique, Colonel d'Artillerie en retraite. — **Constitution physique du Soleil; explication de la formation et de la disparition des taches.** In-8, avec 3 pl. et fig. dans le texte; 1873. 1 fr. 75 c.

†**GINOT-DESROIS** (**Mlle**). — **Description et usages du Calendrier astronomique perpétuel.** In-8, avec le **CALENDRIER**; 1861........... 5 fr.

†**GINOT-DESROIS** (Mlle). — **Planisphère mobile**, au moyen duquel on peut apprendre l'Astronomie seul et sans le concours des Mathématiques. 7e édition; 1847, sur carton................................................ 4 fr.

†**HIRN** (**G.-A.**). — **Mémoire sur les Conditions d'équilibre et sur la Nature probable des anneaux de Saturne.** In-4, avec planche; 1872......... 4 fr.

†**HOÜEL** (**J.**). — **Sur le développement de la fonction perturbatrice, suivant la forme adoptée par Hansen dans la théorie des petites planètes.** In-8; 1875............................................... 3 fr.

**IMBARD.** — **De la Mesure du Temps, et Description de la Méridienne verticale portative du Temps vrai et du Temps moyen pour régler les pendules et les montres, etc.** 2e édition. In-18, avec pl.; 1857...... 1 fr.

**INSTITUT DE FRANCE.** — **Recueil de Mémoires, Rapports et Documents relatifs à l'observation du passage de Vénus sur le Soleil.**
Ire PARTIE. — *Procès-verbaux des séances tenues par la Commission.* In-4; 1877................................................ 12 fr. 50 c.
IIe PARTIE, avec SUPPLÉMENT. — *Mémoires.* In-4, avec 7 planches dont 3 en chromolithographie; 1876.......................................... 12 fr. 50 c.

†**LACROIX** (**S.-F.**). — **Introduction à la connaissance de la Sphère.** Nouvelle édition. In-18, avec pl.; 1872.............................. 1 fr. 25 c.

†**LAPLACE.** — **Exposition du Système du Monde.** 6e édition, précédée de l'Éloge de l'Auteur, par *Fourier*. In-4, avec portrait; 1835........ 15 fr.

†**LAPLACE.** — **Précis de l'Histoire de l'Astronomie.** 2e édit. In-8; 1863. 3 fr.

---

(1) Pour recevoir franco, par poste, dans tous les pays de l'Union postale, l'ATLAS *en feuilles*, soigneusement enroulé et enveloppé, ajouter...... 2 fr.
Les dimensions, 0m,50 sur 0m,35, de l'ATLAS *cartonné* ne permettent pas de l'envoyer par la poste. Cet ATLAS *cartonné*, dont le poids est de 2kg,9, sera envoyé, aux frais du destinataire, soit par messageries grande vitesse, soit par toute autre voie indiquée.

**MARCHAND (L.)**, Lauréat de l'Institut. — **Étude sur la force chimique contenue dans la lumière du Soleil, sur la mesure de sa puissance et la détermination des climats qu'elle caractérise.** Grand in-8, avec figures; 1875 ........ 7 fr. 50 c.

†**MARIÉ-DAVY**, Directeur de l'Observatoire de Montsouris. — **Instructions pour les observations météorologiques** (baromètres, thermomètres, actinomètre, hygromètres, psychromètres, pluviomètre, évaporomètre, anémomètre, phénomènes divers, *Tables de réduction*, etc.). In-4, avec figures dans le texte; 1876 ........ 2 fr. 50 c.

***PETIT (F.)**, Directeur de l'Observatoire de Toulouse. — **Traité d'Astronomie pour les gens du monde**, avec des *Notes complémentaires* pour les Candidats au Baccalauréat et aux Écoles spéciales. 2 volumes in-18 jésus, avec 268 figures dans le texte et une Carte céleste; 1866 ........ 7 fr.

***PONTÉCOULANT (G. de)**, ancien élève de l'École Polytechnique, Colonel au corps d'État-Major. — **Théorie analytique du Système du Monde.** 2e éd., considérablement augmentée. 4 volumes in-8 et supplément ........ (*Rare.*)

*On vend séparément* les tomes I et II, qui forment un **Traité complet d'Astronomie théorique** ........ 18 fr.

†**RESAL (H.)**, Ingénieur des Mines, Docteur ès Sciences. — **Traité élémentaire de Mécanique céleste.** In-8, avec planche; 1865 ........ 8 fr.

**ROCHE**, Professeur à la Faculté des Sciences de Montpellier. — **Essai sur la constitution et l'origine du système solaire.** In-4, avec une planche; 1873. 4 fr. 50 c.

**SECCHI (Le P. A.)**. *Voir* page 17.

## PHYSIQUE. — TÉLÉGRAPHIE.

**BERNARD (A.)**, Agrégé de l'Université, Professeur de Physique et de Chimie à Cognac. — **Alcoométrie.** Grand in-8, avec 6 planches; 1875 ........ 5 fr.

†**BILLET**, Professeur de Physique à la Faculté des Sciences de Dijon. — **Traité d'Optique physique.** 2 forts volumes in-8, avec 14 planches renfermant 337 figures; 1858-1859 ........ 15 fr.

†**CHEVALLIER et MÜNTZ.** — **Problèmes de Physique**, avec leurs solutions développées, à l'usage des Candidats au Baccalauréat ès Sciences et aux Écoles du Gouvernement. In-8, lithographié; 1872 ........ 2 fr. 75 c.

†**DU MONCEL (Th.)**, Ingénieur électricien de l'Administration des Lignes télégraphiques. — **Exposé des Applications de l'Électricité.** *Technologie électrique.* 3e édition, entièrement refondue. Cette édition forme 4 volumes grand in-8, qui se vendent séparément.

Tome I, 516 pages, 1 planche et 99 figures; 1872, cartonné ........ 14 fr.
Tome II, 560 pages, 1 tableau, 2 planches et 192 figures; 1873, cartonné. 14 fr.
Tome III, 552 pages, 7 planches et 192 figures; 1874, cartonné .... 14 fr.
Tome IV, 570 pages, 9 planches et 123 figures; 1876, cartonné ... 14 fr.

***DU MONCEL (Th.)**, Ingénieur électricien de l'Administration des Lignes télégraphiques. — **Traité théorique et pratique de Télégraphie électrique**, à l'usage des employés télégraphistes, des ingénieurs, des constructeurs et des inventeurs. Vol. in-8 de 642 pages, avec 156 figures dans le texte et 3 planches. Imprimé sur carré fin satiné; 1864 ........ 10 fr.

***DU MONCEL (Th.)**. — **Notice sur l'appareil d'induction électrique de Ruhmkorff**, suivie d'un *Mémoire sur les courants induits.* 5e édition. In-8, avec figures dans le texte; 1867 ........ 7 fr. 50 c.

†**GRANDEAU.** — **Instruction pratique sur l'Analyse spectrale.** In-8, avec 2 planches sur cuivre et 1 planche chromolithographiée; 1863 ........ 3 fr.

†**INSTRUCTION SUR LES PARATONNERRES**, adoptée par l'Académie des Sciences. In-18 jésus, avec 58 figures dans le texte et 1 planche; 1874 ........ 2 fr. 50 c.

†**JAMIN (J.)**, Professeur de Physique à l'École Polytechnique. — **Cours de**

**Physique de l'École Polytechnique.** 2e édition. 3 vol. in-8, avec 1002 figures dans le texte et 8 planches sur acier; 1868-1871. (*Ouvrage complet.*)... 32 fr.

*On vend séparément :*

Le tome Ier........................................................ 12 fr.
Les tomes II et III................................................ 20 fr.

†**JAMIN** (J.). — **Cours de Physique de l'École Polytechnique.** Appendice au Tome Ier : *Thermométrie, Dilatations, Optique géométrique, Problèmes et Solutions*, rédigé conformément au nouveau programme d'admission à l'École Polytechnique. In-8 de VIII-214 pages, avec 132 belles figures dans le texte; 1875.......................................... 3 fr. 50 c.

†**JAMIN** (J.).— **Petit Traité de Physique** à l'usage des Établissements d'instruction, des Aspirants aux Baccalauréats et des Candidats aux Écoles du gouvernement. In-8, avec 686 fig. dans le texte et un spectre; 1870....... 8 fr.

†**LAMÉ** (G.), Membre de l'Institut. — **Leçons sur la Théorie analytique de la Chaleur.** In-8, avec figures dans le texte ; 1861................. 6 fr. 50 c.

*__LECOQ de BOISBAUDRAN.__ — **Spectres lumineux**; *spectres prismatiques et en longueurs d'ondes*, destinés aux recherches de Chimie minérale. Un volume de texte grand in-8 et un Atlas, même format, de 29 belles planches gravées sur acier, contenant 56 spectres; 1874.................................. 20 fr.

*__MATHIEU__ (Émile), Professeur à la Faculté des Sciences de Besançon.— **Cours de Physique mathématique.** In-4; 1873.............................. 15 fr.

†**PIERRE** (J.-I.), Correspondant de l'Institut (Académie des Sciences), Professeur à la Faculté des Sciences de Caen. — **Exercices sur la Physique, ou Recueil de questions susceptibles de faire l'objet de compositions écrites soit dans les classes supérieures des Lycées, soit aux examens du Baccalauréat ès Sciences, soit aux examens d'admission aux principales Écoles, avec l'indication des solutions.** 2e édit. In-8, avec 4 planches ; 1862. 4 fr.

*__SAINT-EDME__, Préparateur de Physique au Conservatoire des Arts et Métiers. — **L'Électricité appliquée aux Arts mécaniques, à la Marine, au Théâtre.** In-8, avec belles figures gravées sur bois, dans le texte; 1871. 4 fr.

†**SECCHI** (le P. A.), Directeur de l'Observatoire du Collége Romain, Correspondant de l'Institut de France. — **Le Soleil.** 2e édition. Première et seconde Partie. Deux beaux volumes grand in-8 avec Atlas; 1875-1877. 30 fr.

*On vend séparément :*

Ire Partie. Un volume grand in-8 avec 150 figures dans le texte, et un Atlas comprenant 6 grandes planches gravées sur acier (I. *Spectre ordinaire du Soleil* et *Spectre d'absorption atmosphérique.* — II. *Spectre de diffraction* d'après la photographie de M. Henry Draper. — III, IV, V et VI. *Spectre normal du Soleil*, d'après Angström, et *Spectre normal du Soleil, portion ultra-violette*, par M. A. Cornu); 1875......................................... 18 fr.

IIe Partie. Un volume grand in-8, avec nombreuses figures dans le texte, et 13 planches, dont 12 en couleur (I à VIII. *Protubérances solaires.*—IX. *Type de tache du Soleil.* — X et XI. *Nébuleuses*, etc. — XII et XIII. *Spectres stellaires*); 1877.................................................. 18 fr.

†**SENARMONT** (de). — **Traité de Cristallographie**; traduit de l'anglais de *Miller*. In-8, avec 12 planches; 1842.............................. 5 fr.

*__TYNDALL__ (John). — **Le Son**, traduit de l'anglais et augmenté d'un Appendice par M. l'Abbé *Moigno*. Un beau volume in-8, orné de 171 figures dans le texte ; 1869................................................... 7 fr.

*__TYNDALL__ (John). — **La Lumière**; *six Lectures faites en Amérique en 1872-1873*; Ouvrage traduit de l'anglais par M. l'abbé *Moigno*. In-8, avec portrait de l'Auteur et nombreuses figures dans le texte; 1875................ 7 fr.

## CHIMIE. — GÉOLOGIE. — PHOTOGRAPHIE.

*(Un prospectus spécial des Ouvrages relatifs à la Photographie est envoyé sur demande.)*

*__BARRESWIL et DAVANNE.__ — **Chimie photographique**, contenant les éléments de Chimie expliqués par des exemples empruntés à la Photographie, les procédés de Photographie sur glace (collodion humide, sec ou albuminé), sur papiers, sur plaques; la manière de préparer soi-même, d'essayer, d'employer tous les réactifs, d'utiliser les résidus, etc. 4e édition, revue, augmentée, et ornée de figures dans le texte. In-8; 1864.................. 8 fr. 50 c.

**BASSET**, Professeur de Chimie appliquée. — **Précis de Chimie pratique, ou Éléments de Chimie vulgarisée.** In-18 jésus de 642 pages, avec figures dans le texte; 1861.............................................. 5 fr.

**BELLOC (A.).** — **Photographie rationnelle, Traité complet théorique et pratique.** Applications diverses; Ouvrage précédé de l'histoire de la Photographie et suivi d'Éléments de Chimie appliquée à cet art. In-8; 1862.. 5 fr.

**BERTHELOT (M.)**, Professeur au Collége de France, Membre de l'Institut. — **Sur la force de la poudre et des matières explosives.** In-18 jésus; 1872. 3 fr. 50 c.

**BERTHELOT (M.).** — **Leçons sur les Méthodes générales de Synthèse en Chimie organique.** In-8; 1864.................................. 8 fr.

**BOIVIN.** — **Procédé au collodion sec.** 2e édition augmentée du *Formulaire de Th. Sutton*, des procédés de *tirage aux poudres colorantes inertes* (procédé au charbon), ainsi que de notions pratiques sur la photolithographie, l'électrogravure et l'impression à l'encre grasse. In-18 jésus; 1876.... 1 fr. 50 c.

**BOUSSINGAULT**, Membre de l'Institut. — **Agronomie, Chimie agricole et Physiologie.** 2e édition. Tomes I, II, III, IV et V. In-8, avec planches sur cuivre et figures dans le texte; 1860-1861-1864-1868-1874............... 26 fr.

Chacun des tomes I à IV se vend séparément........................ 5 fr.
Le tome V se vend séparément....................................... 6 fr.
Le tome VI est *sous presse.*

**BOUSSINGAULT.** — **Études sur la transformation du fer en acier par la cémentation,** précédées de la description des procédés adoptés pour doser le fer, le manganèse, le carbone, le silicium, le soufre, le phosphore et de recherches sur le maximum de carburation du fer. In-8; 1875........ 4 fr.

**CAHOURS (Auguste)**, Membre de l'Académie des Sciences. — **Traité de Chimie générale élémentaire.**

CHIMIE INORGANIQUE, *Leçons professées à l'École Centrale des Arts et Manufactures.* 3e édition. 2 volumes in-18 jésus avec 230 figures et 8 planches; 1874. (*Autorisé par décision ministérielle.*)............... 10 fr.
Chaque volume se vend séparément.................................. 6 fr.

CHIMIE ORGANIQUE, *Leçons professées à l'École Polytechnique.* 3e édition. 3 volumes in-18 jésus, avec figures; 1874-1875.................. 15 fr.
Chaque volume se vend séparément................................... 6 fr.

**CALLAUD (A.).** — **Essai sur les Piles.** Ouvrage couronné par la Société des Sciences, de l'Agriculture et des Arts de Lille. 2e édition in-18 jésus, avec 2 planches; 1875.............................................. 2 fr. 50 c.

**CORDIER (V.).** — **Les insuccès en Photographie; Causes et remèdes,** suivis de la *Retouche des clichés* et du *Gélatinage des épreuves.* 3e édition refondue et augmentée. In-18 jésus; 1876....................... 1 fr. 75 c.

**DAVANNE.** — **Les Progrès de la Photographie.** Résumé comprenant les perfectionnements apportés aux divers procédés photographiques pour les épreuves négatives et les épreuves positives, les nouveaux modes de tirage des épreuves positives par les impressions aux poudres colorées et par les impressions aux encres grasses. In-8; 1877.................................. 6 fr.

**DUMOULIN.** — **Manuel élémentaire de Photographie au collodion humide.** In-18 jésus, avec figures dans le texte; 1874.................... 1 fr. 50 c.

**DUPLAIS (aîné).** — **Traité de la fabrication des liqueurs et de la distillation des alcools.** 4e édition, revue et augmentée par *Duplais jeune.* 2 volumes in-8, avec 14 planches; 1877........................................ 16 fr.

**FABRE (C.).** — **Aide-Mémoire de Photographie pour 1877,** 2e année. In-18, avec spécimens.

Prix : Broché................................................ 1 fr. 75 c.
Cartonné.............................................. 2 fr. 75 c.

**FAVRE (P.-A.)**, Correspondant de l'Institut, Professeur à la Faculté de

Marseille. — **Aide-Mémoire de Chimie à l'usage des Lycées et des établissements secondaires,** *rédigé conformément au Programme du Baccalauréat ès Sciences.* In-8, avec atlas de 14 planches renfermant 117 fig.; 1864. 5 fr.

**FORTIER (G.).** — **La Photolithographie,** *son origine, ses procédés, ses applications.* Petit in-8 orné de planches, fleurons, culs-de-lampe, etc., obtenus au moyen de la photolithographie; 1876........................ 3 fr. 50 c.

**GAUDIN (M.-A.),** Calculateur du Bureau des Longitudes, Lauréat de l'Académie des Sciences. — **L'Architecture du Monde des Atomes, dévoilant la construction des composés chimiques et leur cristallogénie** (*Actualités scientifiques*). In-18 jésus, avec 100 figures dans le texte; 1873........ 5 fr.

†**GODARD (Émile),** Photographe. — **Encyclopédie des virages ou réunion,** expérimentation et description des meilleurs procédés; contenant tous les renseignements nécessaires pour obtenir photographiquement des épreuves positives sur papier avec une grande variété et une grande richesse de tons. 2ᵉ édition, revue et augmentée, contenant la *préparation des sels d'or et d'argent.* In-8; 1871........................................ 2 fr.

†**GRANDEAU (L.),** Docteur ès Sciences, et **TROOST (L.),** Professeur de Physique et de Chimie au Lycée Bonaparte. — **Traité pratique d'Analyse chimique, par F. VOEHLER,** Associé étranger de l'Institut de France. — **Édition française.** In-18 jésus, avec 76 fig. et une planche; 1866. 4 fr. 50 c.

***JEAN (Ferdinand),** Chimiste, Essayeur du Commerce. — **Méthodes chimiques pour la recherche des falsifications, l'essai, l'analyse des matières fertilisantes.** In-18 jésus; 1874.................................. 3 fr. 50 c.

†**MOOCK (L.).** — **Traité pratique complet d'impressions photographiques aux encres grasses, et de phototypographie et photogravure.** 2ᵉ édition, beaucoup augmentée. In-18 jésus; 1877........................ 3 fr.

**PASTEUR (L.),** Membre de l'Institut. — *Voir* p. 25.

†**PERROT DE CHAUMEUX (L.).** — **Premières Leçons de Photographie,** 2ᵉ édit., revue et augmentée. In-18 jésus, avec fig. dans le texte; 1874. 1 fr. 50 c.

***RUSSELL (C.).** — **Le Procédé au Tannin,** traduit de l'anglais par M. *Aimé Girard*; 2ᵉ édit. entièrement refondue. In-18 jésus, avec fig.; 1864. 2 fr. 50 c.

†**SAINTE-CLAIRE DEVILLE (H.).** — **De l'Aluminium. Ses propriétés, sa fabrication et ses applications.** In-8, avec planches; 1859.. 3 fr. 50 c.

†**SALVÉTAT (A.),** Chef des travaux chimiques à la Manufacture de Sèvres. — **Leçons de Céramique** professées à l'École centrale des Arts et Manufactures, ou **Technologie céramique,** comprenant les **Notions de Chimie, de Technologie et de Pyrotechnie applicables à la fabrication, à la synthèse, à l'analyse, à la décoration des poteries.** 2 vol. in-18, avec 479 figures dans le texte; 1857........................................ 12 fr.

†**SALVÉTAT (A.).** — **Album du cours de Technologie chimique** professé à l'École Centrale. Portefeuille in-4 cartonné, contenant 70 planches doubles; 1874.................................................... 25 fr.

Iʳᵉ Partie, 24 planches : Céramique. — IIᵉ Partie, 26 planches : Couleurs, Blanchiment, Teinture et Impressions. — IIIᵉ Partie, 20 planches : Métallurgie (Métaux autres que le fer).

Les planches de la première Partie de cet Album se rapportent à l'Ouvrage de M. Salvétat, Leçons de Céramique, annoncé ci-dessus.

**VALÉRIUS (B.),** Docteur ès sciences. — **Traité théorique et pratique de la fabrication du fer et de l'acier,** accompagné d'un *Exposé des améliorations dont elle est susceptible,* principalement en Belgique. — 2ᵉ édition originale française, publiée d'après le manuscrit de l'Auteur, et augmentée de plusieurs articles par H. Valérius, Professeur à l'Université de Gand. Un volume grand in-8 de 880 pages, texte compacte, avec un Atlas in-folio de 45 planches (dont deux doubles) gravées; 1875.............. 75 fr.

†**VIDAL (Léon).** — *Traité pratique de Photographie au charbon,* complété par la description de divers *Procédés d'impressions inaltérables* (*Photochromie et tirages photomécaniques*). 3ᵉ édition. In-18 jésus, avec une planche spécimen de Photochromie et 2 planches spécimens d'impression à l'encre grasse; 1877. 4 fr. 50 c.

*VINCENT (C.), Ingénieur, Répétiteur de Chimie industrielle à l'École Centrale. — **Carbonisation des bois en vases clos et utilisation des produits dérivés.** Grand in-8, avec belles fig. gravées sur bois; 1873............ 5 fr.

## TOPOGRAPHIE, GÉODÉSIE ET ARPENTAGE.

**BRETON DE CHAMP.** — **Traité du lever des plans et de l'arpentage.** Vol. in-8, avec 9 planches gravées sur cuivre; 1865........... 7 fr. 50 c.

**BRETON DE CHAMP.** — **Traité du nivellement.** 3e éd. In-8; 1873. 6 fr.

†**FRANCŒUR (L.-B.).** — **Traité de Géodésie**, comprenant la Topographie, l'Arpentage, le Nivellement, la Géomorphie terrestre et astronomique, la Construction des Cartes, la Navigation, augmenté de **Notes sur la mesure des bases**, par M. *Hossard*. 5e édition; in-8, avec 11 planches ...... (*Sous presse.*)

*LAUSSEDAT (A.), Capitaine du Génie. — **Leçons sur l'Art de lever les Plans, comprenant les levers de terrain et de bâtiment, la pratique du nivellement ordinaire et le lever des courbes horizontales à l'aide des instruments les plus simples.** In-4, avec 10 pl.; 1861................ 5 fr.

†**LEFÈVRE.** — **Abrégé du nouveau traité de l'Arpentage, ou Guide pratique et mémoratif de l'Arpenteur**, à l'usage des personnes qui n'ont point étudié la Géométrie. In-12, avec 18 planches, dont une coloriée...... 7 fr.

†**MARIE.** — **Principes du Dessin et du Lavis de la Carte topographique**, présentés d'une manière élémentaire et méthodique, et accompagnés de 9 modèles, dont 8 sont coloriés avec soin. 1 vol. in-4 oblong; 1825........... 15 fr.

†**PUISSANT.** — **Traité de Géodésie**, ou Exposition des méthodes trigonométriques et astronomiques, applicables, soit à la mesure de la Terre, soit à la confection du canevas des cartes et des plans topographiques. 3e édition, corrigée et augmentée. 2 vol. in-4, avec planches; 1842............... 75 fr.

†**REGNAULT (J.-J.).** — **Traité de Géométrie pratique et d'Arpentage**, comprenant les **Opérations graphiques** et de nombreuses **Applications aux Travaux de toute nature**, à l'usage des Écoles professionnelles, des Écoles normales primaires, des Employés des Ponts et Chaussées, des Agents voyers, etc. 2e édition, revue et augmentée. In-8, avec 14 pl.; 1860.................... 5 fr.

*REGNAULT (J.-J.). — **Cours pratique d'Arpentage**, à l'usage des Instituteurs, des Élèves des Écoles primaires, des Propriétaires et des Cultivateurs. In-18, sur jésus, avec figures dans le texte. 2e édit.; 1870. 1 fr. 50 c.
*Ouvrage choisi en 1862 par le Ministre de l'Instruction publique pour les bibliothèques scolaires.*

†**THOREL**, Géomètre de première classe du Cadastre du département de l'Oise. — **Arpentage et Géodésie pratique**, Ouvrage dans lequel on peut apprendre le Système métrique, l'Arpentage, la Division des terres, la Trigonométrie rectiligne, le Levé des plans, la Gnomonique, etc. In-4, avec pl.; 1843. 4 fr.

## TRAVAUX PUBLICS. — PONTS ET CHAUSSÉES.

†**BAUDUSSON.** — **Le Rapporteur exact, ou Tables des cordes de chaque angle, depuis une minute jusqu'à cent quatre-vingts degrés, pour un rayon de mille parties égales.** In-18; 4e édition; 1861.............. 2 fr.

†**BENOIT (P.-M.-N.)**, l'un des cinq fondateurs de l'École centrale des Arts et Manufactures. — **Guide du Meunier et du Constructeur de Moulins.** Ire Partie : **Construction des Moulins.** IIe Partie : **Meunerie.** 2 volumes in-8 de 900 pages, avec 22 planches contenant 638 figures; 1863...... 12 fr.

†**DARCY.** — **Recherches expérimentales relatives aux mouvements des eaux dans les tuyaux**, avec Tables relatives au débit des tuyaux de conduite. In-4, avec 12 planches; 1857.......................................... 15 fr.

†**ENDRÈS (E.)**, ancien Élève de l'École Polytechnique, Ingénieur en chef des Ponts et Chaussées. — **Manuel du Conducteur des Ponts et Chaussées**, d'après le dernier *Programme officiel des examens.* Ouvrage indispensable aux Conducteurs et Employés secondaires des Ponts et Chaussées et des Compagnies

de Chemins de fer, aux Gardes-mines, aux Gardes et Sous-Officiers de l'Artillerie et du Génie, aux Agents voyers et aux Candidats à ces emplois. 5e éd.
TOME I, PARTIE THÉORIQUE, avec 290 fig. dans le texte; et TOME II, PARTIE PRATIQUE, avec 323 fig. dans le texte et 4 planches. 2 vol. in-8; 1873. 15 fr.
TOME III, APPLICATIONS. Ce dernier volume est consacré à l'exposition des doctrines spéciales qui se rattachent à l'*Art de l'Ingénieur* en général et au service des Ponts et Chaussées en particulier. In-8, avec 162 figures dans le texte, se vendant séparément.................................................. 9 fr.

†**ENDRÈS (E.). — Vade-Mecum administratif de l'Entrepreneur des Ponts et Chaussées.** In-12; 1859.............................................. 3 fr. 50 c.

***FREYCINET (Ch. de). — Des pentes économiques en chemins de fer.** *Recherches sur les dépenses des Rampes.* In-8; 1861.................... 6 fr.

†**GÉRARDIN (H.)**, Ingénieur en chef des Ponts et Chaussées.— **Théorie des Moteurs hydrauliques.** Applications et travaux exécutés pour l'alimentation du canal de l'Aisne à la Marne par les machines. In-8, avec Atlas contenant 25 belles planches in-plano raisin; 1872............................ 20 fr.

†**GIRARD (L.-D.)**, Ingénieur civil, prix de Mécanique de l'Institut de France. — **Hydraulique. Utilisation de la force vive de l'eau appliquée à l'industrie.** In-4, avec Atlas de 13 planches in-folio; 1863.................. 8 fr.
*Le prospectus détaillé des Ouvrages de* L.-D. GIRARD *est envoyé franco, sur demande.*

†**ISSALÈNE**, Capitaine d'Infanterie. — **Manuel pratique militaire des Chemins de fer.** In-18 jésus, avec 43 figures dans le texte, gravées sur bois par Dulos; 1873............................................ 2 fr. 50 c.

***LEFORT (F.)**, Ingénieur en chef des Ponts et Chaussées. — **Tables des surfaces de déblai et de remblai, des largeurs d'emprise et des longueurs des talus,** relatives à un *chemin de fer à deux voies* ou à une *route de* 10 *mètres* de largeur entre fossés, pour des cotes sur l'axe de $0^m$ à $15^m$, et pour des déclivités sur le profil transversal de $0^m$ à $0^m,25$. Grand in-8, sur jésus; 1861.... 3 fr.
— **Tables** pour une *route de* 8 *mètres;* 1863........................ 3 fr.
— **Tables** pour un *chemin de fer à une voie* ou une *route de* 6 *mètres*, etc. 3 fr.

†**LEFORT (F.)**, Inspecteur général des Ponts et Chaussées. — **Sur les bases des calculs de stabilité des ponts à tabliers métalliques.** Examen critique des bases de calculs, habituellement en usage pour apprécier la stabilité des ponts à tabliers métalliques soutenus par des poutres droites prismatiques, et *propositions pour l'adoption de bases nouvelles.* Ouvrage approuvé par l'Académie des Sciences, sur le Rapport de M. de Saint-Venant. In-4, avec 4 grandes planches; 1876.............................................. 4 fr.

†**MEISSAS (N.)**, ancien Ingénieur du chemin de fer de Paris à Cherbourg. — **Tables pour servir aux études et à l'exécution des Chemins de fer, ainsi que dans tous les travaux où l'on fait usage du Cercle et de la Mesure des Angles.** 2e éd. In-12 de 428 pages en tableaux, avec fig. dans le texte; 1867. 8 fr.

**NAUDIER**, Docteur en droit, Conseiller de préfecture de l'Aube. — **Traité théorique et pratique de la législation et de la jurisprudence des mines, des minières et des carrières.** Un fort volume in-8; 1877............ 10 fr.

†**PEAUCELLIER**, Lieutenant-Colonel du Génie.—**Mémoire sur les conditions de stabilité des voûtes en berceau.** In-8 avec figures; 1875......... 2 fr.

†**PRÉFECTURE DE LA SEINE. — Assainissement de la Seine. Épuration et utilisation des eaux d'égout.** — 3 beaux volumes in-8 jésus; avec 17 planches, dont 10 en chromolithographie; 1876.................. 20 fr.

†**WITH (Émile)**, Ingénieur civil. — **Manuel aide-mémoire du Constructeur de travaux publics et de machines,** comprenant le **Formulaire** et les **Données d'expérience de la construction.** 2e éd. In-12; 1861. 2 fr. 50 c.
(*Voir précédemment, sous le titre Mécanique appliquée et rationnelle,* les Ouvrages de MM. BRESSE, CALLON, DENFER, ERMEL, LOYAU, DE MASTAING et RESAL.)

## GUERRE ET MARINE.

**BELLANGER (C.-A.)**, Professeur d'Hydrographie. — **Petit Catéchisme de machine à vapeur,** à l'usage des candidats aux grades de la marine de commerce et de toutes les personnes qui veulent acquérir sur ce sujet des notions élémentaires. 2e éd. Petit in-8, avec Atlas de 6 planches; 1872........ 3 fr.

*__CONSOLIN__ (B.), Professeur du Cours de Voilerie à Brest. — __Manuel du Voilier__, publié par ordre du Ministre de la Marine. Ouvrage approuvé pour l'instruction des Élèves de l'École Navale et pour celle des Voiliers des arsenaux. Grand in-8 sur jésus, de 528 pages et 11 planches; 1859.... 12 fr.

*__CONSOLIN__ (B.). — __Méthode pratique de la Coupe des voiles des navires et embarcations__, suivie de Tables graphiques facilitant les diverses opérations de la coupe, avec ou sans calcul. In-12, avec 3 planches; 1863.......... 3 fr.

*__CONSOLIN__ (B.). — __L'Art de voiler les embarcations__, suivi d'un Aide-Mémoire de Voilerie. In-12 avec une grande planche; 1866.................... 2 fr.

*__D'ÉTROYAT__ (Ad.). — __De la Carène du Navire et de l'Échelle de Solidité.__ In-4, avec 5 planches; 1856........................................ 4 fr.

*__DISLERE__ (P.), Ingénieur des Constructions navales, Secrétaire des Travaux de la Marine. — __Les Croiseurs, la Guerre de course.__ Grand in-8, avec 3 planches; 1875................................................ 6 fr.

*__DISLERE__ (P.). — __La guerre d'escadre et la guerre de côtes.__ (*Les nouveaux navires de combat.*) Un beau volume grand in-8, avec nombreuses figures gravées sur bois, dans le texte; 1876.............................. 7 fr.

†__DUCOM.__ — __Cours complet d'observations nautiques__, avec les notions nécessaires au Pilotage et au Cabotage, augmenté de la puissance des effets des ouragans, typhons, tornados des régions tropicales. 3e éd.; 1859. 1 vol. in-8. 12 fr.

__HOMMEY__, Capitaine de frégate en retraite. — __Tables d'Angles horaires.__ 2 vol. grand in-8, en tableaux; 1862.................................. 15 fr.

__MAYEVSKI__ (le Général), Membre du Comité de l'Artillerie russe. — __Traité de Balistique extérieure.__ Grand in-8, avec planches et tableaux; 1872. 18 fr.

†__MÉMORIAL DE L'ARTILLERIE__ ou __Recueil de Mémoires, expériences, observations et procédés relatifs au service de l'Artillerie__, *rédigé par les soins du* COMITÉ D'ARTILLERIE (no VIII). In-8, avec Atlas cart. de 24 pl.; 1867. 12 fr.

__MÉMORIAL DE L'OFFICIER DU GÉNIE__, ou Recueil de Mémoires, Expériences, Observations et Procédés généraux propres à perfectionner la fortification et les constructions militaires, rédigé par les soins du Comité des Fortifications, avec nombreuses figures dans le texte et planches. Chaque volume à partir du __No 21__ se vend séparément.................. 7 fr. 50 c.

Les __Nos 21__ (1873), __22__ (1874), __23__ (1874), __24__ (1875), __25__ (1876) sont en vente. __Pour recevoir franco, ajouter 70 c. par volume.__

†__PICARDAT__ (A.), Capitaine du Génie. — __Les Mines dans la Guerre de campagne.__ — *Exposé des divers procédés d'inflammation des Mines et des Pétards de rupture.* — *Emploi de préparations pyrotechniques et de l'Electricité.* In-18 jésus, avec 51 figures dans le texte; 1874.................. 2 fr. 50 c.

## GÉOGRAPHIE ET HISTOIRE.

*__OGER__ (F.), Professeur d'Histoire et de Géographie, Maître de Conférences au Collège Sainte-Barbe. — __Géographie de la France et Géographie générale, physique, militaire, historique, politique, administrative et statistique,__ *rédigée conformément au Programme officiel*, à l'usage des Candidats aux Écoles du Gouvernement et aux aspirants aux Baccalauréats ès Lettres et ès Sciences. 6e édit., entièrement refondue pour la Géographie générale et mise au courant des derniers changements politiques et des plus récentes découvertes géographiques. In-8; 1876........................................... 3 fr.

Cet Ouvrage correspond à l'Atlas de Géographie générale du même auteur.

*__OGER__ (F.). — __Atlas de Géographie générale__ à l'usage des Lycées, des Collèges, des Institutions préparatoires aux Écoles du Gouvernement et de tous les Établissements d'instruction publique. 7e édit. in-plano, cartonné, contenant 31 Cartes coloriées; 1875.......................................... 14 fr.

__Atlas Géographique et Historique à l'usage de la classe de Quatrième.__ Seize cartes coloriées.......................................... 8 fr. 50 c.

**Atlas Géographique et Historique à l'usage de la Classe de Cinquième.** Dix-huit cartes coloriées.......... 8 fr. 50 c.

**Atlas Géographique et Historique à l'usage de la Classe de Sixième.** Dix cartes coloriées.......... 6 fr.

**Atlas Géographique et Historique à l'usage des Classes Élémentaires (9ᵉ, 8ᵉ et 7ᵉ).** Treize cartes coloriées.......... 6 fr.

***OGER (F.).** — **Cours d'Histoire Générale à l'usage des Lycées, des Établissements d'Instruction publique, des Candidats aux écoles du Gouvernement et aux Baccalauréats, rédigé conformément aux programmes officiels.**

I. — *Histoire de l'Europe depuis l'invasion des Barbares jusqu'au* XIVᵉ *siècle*, 2ᵉ édition; 1875.......... 3 fr. 50 c.

II. — *Histoire de l'Europe depuis le* XIVᵉ *jusqu'au milieu du* XVIIᵉ *siècle*. 2ᵉ édition; 1875.......... 3 fr. 50 c.

III. — *Histoire de l'Europe de* 1610 *à* 1848. 3ᵉ édition; 1875.. 6 fr. 50 c.

IV. — *Histoire de l'Europe de* 1610 *à* 1815. (Cours de Rhétorique.) 2ᵉ édit., 1875.......... 7 fr. 50 c.

## OUVRAGES DIVERS.

***CAUCHY (le Baron Aug.)**, Membre de l'Académie des Sciences. **Sa vie et ses travaux**, par C.-A. VALSON, Professeur à la Faculté des Sciences de Grenoble, avec une Préface de M. HERMITE. 2 vol. in-8; 1868.......... 8 fr.

**DURUTTE (le Comte C.)**, Compositeur, ancien Élève de l'École Polytechnique. — **Esthétique musicale. Résumé élémentaire de la Technie harmonique et Complément de cette Technie**, suivi de l'*Exposé de la loi de l'enchaînement dans la mélodie, dans l'harmonie et dans leur concours*, et précédé d'une *Lettre de M.* CH. GOUNOD, *Membre de l'Institut*. Un beau volume in-8; 1876.......... 10 fr.

**INSTITUT DE FRANCE.** — **Mémoires relatifs à la nouvelle maladie de la vigne**, présentés par divers savants à l'Académie des Sciences. (*Voir* pour le détail de ces *Mémoires* le CATALOGUE GÉNÉRAL.)

***LE TELLIER (le Dʳ Ed.).** — **Nouveau système de Sténographie.** In-8 raisin, avec 37 planches; 1869.......... 2 fr. 50 c.

**MOIGNO (l'Abbé).** — **Actualités scientifiques.** 61 volumes in-18 jésus ou petit in-8 parus; chaque volume se vend séparément.

1° **Analyse spectrale des corps célestes**; par *Huggins*.......... 1 fr. 50 c

2° **Calorescence. — Influence des couleurs**; par *Tyndall*.......... 1 fr. 50 c.

3° **La Matière et la Force**; par *Tyndall*.......... 1 fr. 50 c.

4° **Les Éclairages modernes**; par l'Abbé *Moigno*.......... 2 fr. »

5° **Sept Leçons de Physique générale**; par *A. Cauchy*.......... 1 fr. 50 c.

6° **Physique moléculaire**; par l'Abbé *Moigno*.......... (*Épuisé*.)

7° **Chaleur et Froid**; par *Tyndall*.......... 2 fr. »

8° **Sur la Radiation**; par *Tyndall*.......... 1 fr. 25 c.

9° **Sur la force de combinaison des atomes**; par *Hofmann*.... 1 fr. 25 c.

10° **Faraday inventeur**; par *Tyndall*.......... 2 fr. »

11° **Saccharimétrie optique, chimique et mélassimétrique**; par l'Abbé *Moigno*.......... 3 fr. 50 c.

12° **La Science anglaise, son bilan en 1868** (réunion à Norwich); par l'Abbé *Moigno*.......... 2 fr. 50 c.

13° **Mélanges de Physique et de Chimie pures et appliquées**; par *Frankland, Graham, Macquorn-Rankine, Perkin, Henri Sainte-Claire Deville, Tyndall*.......... 3 fr. 50 c.

14° **Les Aliments**; par *Letheby*.......... 3 fr. »

15° **Constitution de la Matière et ses mouvements**; par le *P. Leray*. 2 fr. »

16° **Esquisse historique de la Théorie dynamique de la chaleur**; par *Tait*........ 3 fr. 50 c.

17° **Théorie du Vélocipède. — Sur les lois de l'écoulement de la vapeur**; par *Macquorn-Rankine*........ 1 fr. 25 c.

18° **Les Métamorphoses chimiques du Carbone**; par *Odling*.... 2 fr. »

19° **Programme d'un Cours en sept Leçons sur les Phénomènes et les Théories électriques**; par *Tyndall*........ 1 fr. 50 c.

20° **Géologie des Alpes et du tunnel des Alpes**; par *Élie de Beaumont* et *Sismonda*........ 2 fr. »

21° **La Science anglaise, son bilan en 1869** (réunion à Exeter). 3 fr. 50 c.

22° **La Lumière**; par *Tyndall*........ 2 fr.

23° **Recherches sur les Agents explosifs modernes et leurs applications**; par l'Abbé *Moigno*........ 2 fr. »

24° **Religion et Patrie**, vengées de la fausse science et de l'envie haineuse; par l'Abbé *Moigno*........ 1 fr. 50 c.

†25° **Éléments de Thermodynamique**; par *J. Moutier*........ 2 fr. 50 c.

†26° **Sur la force de la Poudre et des matières explosibles**; par *Berthelot*........ 3 fr. 50 c.

27° **Sursaturation des solutions gazeuses**; par *Tomlinson*....... 2 fr. »

28° **Optique moléculaire. Effets de précipitation, de décomposition, d'illumination produits par la lumière**; par l'Abbé *Moigno*........ 2 fr. 50 c.

*29° **L'Architecture du monde des atomes**, dévoilant la construction des composés chimiques et leur cristallogénie, avec 100 fig. dans le texte; par *Gaudin*........ 5 fr. »

†30° **Étude sur les éclairs**; avec fig. dans le texte; par *Paul Perrin*. 2 fr. 50 c.

†31° **Manuel pratique militaire des chemins de fer**, avec nombreuses figures dans le texte; par le Capitaine *Issalène*.... 2 fr. 50 c.

†32° **Instruction sur les Paratonnerres**; par *Gay-Lussac* et *Pouillet*. Nouvelle édition, avec 58 figures et planche, adoptée par l'Académie des Sciences........ 2 fr. 50 c.

†33° **Tables barométriques et hypsométriques pour le calcul des hauteurs**, précédées d'une instruction; par *Radau*.... 1 fr. »

†34° **Les passages de Vénus sur le disque solaire**, avec figures; par *Edm. Dubois*........ 3 fr. 50 c.

†35° **Manuel élémentaire de Photographie au collodion humide**, avec figures; par *Dumoulin*........ 1 fr. 50 c.

†36° **Problèmes plaisants et délectables qui se font par les nombres**; par *Bachet*, sieur de *Méziriac*. 3ᵉ édition, revue par *Labosne*. Un joli volume petit in-8, elzévir, papier vergé, couverture parchemin (tiré à petit nombre)........ 6 fr. »

*37° **La Chaleur**, considérée comme un mode de mouvement; par *Tyndall*, 2ᵉ édit. française, avec nombreuses fig.; 1874. 8 fr. »

*38° **L'Astronomie pratique et les Observatoires en Europe et en Amérique**, depuis le milieu du XVIIᵉ siècle jusqu'à nos jours; par *André* et *Rayet*. In-18 jésus, avec belles figures dans le texte et planche en couleur.

Iʳᵉ Partie : *Angleterre*........ 4 fr. 50 c.
IIᵉ Partie : *Écosse, Irlande et Colonies anglaises*........ 4 fr. 50 c.
IIIᵉ Partie : *Amérique*. (Sous presse.)
IVᵉ Partie : *Europe continentale*. (Sous presse.)

39° **Méthodes chimiques pour la recherche des falsifications, l'essai, l'analyse des matières fertilisantes**; par *Ferdinand Jean*........ 3 fr. 50 c.

†40° **Premières leçons de Photographie**, avec figures; par *Perrot de Chaumeux*........ 1 fr. 50 c.

†41° **Les Mines dans la guerre de campagne**, exposé de divers procédés d'inflammation des mines et des pétards de rupture; emploi des préparations pyrotechniques, avec figures dans le texte; par le capitaine *Picardat*.......................... 2 fr. 50 c.

†42° **Essai sur une manière de représenter les quantités imaginaires dans les constructions géométriques**, par R. ARGAND. 2e édition, précédée d'une préface; par M. *J. Hoüel*. 5 fr. »

†43° **Essai sur les piles**, par *A. Callaud*. 2e édition, avec 2 planches. (Ouvrage couronné par l'Académie des Sciences de Lille.). 2 fr. 50 c.

†44° **Matière et Éther**; indication d'une méthode pour établir les propriétés de l'Éther, par *Krets*, Ingénieur en chef des Manufactures de l'État.......................... 1 fr. 50 c.

45° **L'Unité dynamique des forces et des phénomènes de la nature, ou l'Atome tourbillon**; par *F. Marco*, Professeur au Lycée Cavour, à Turin.......................... 2 fr. 50 c.

46° **Physique et Physique du Globe**. Divers Mémoires de MM. *Tyndall, Carpenter, Ramsay, Raphaël de Rossi* et *Félix Plateau*. Traduit par l'abbé Moigno.......................... 2 fr. 50 c.

47° **La grande pyramide, pharaonique de nom, humanitaire de fait**; ses merveilles, ses mystères et ses enseignements; par M. *Piazzi Smyth*, Astronome royal d'Écosse. Traduit de l'anglais par l'abbé *Moigno*.......................... 3 fr. 50 c.

48° **La Foi et la Science**; explosion de la Libre-Pensée en août et septembre 1874. Discours annotés de MM. *Tyndall, du Bois-Reymond, Owen, Huxley, Hooker* et *Sir John Lubbock*; par l'abbé Moigno.......................... 3 fr.

†49° **Les insuccès en Photographie**; causes et remèdes, suivis de la retouche des clichés et du gélatinage des épreuves; par *Cordier*. 3e édition.......................... 1 fr. 75 c.

†50° **La Photolithographie, son origine, ses procédés, ses applications**; par *G. Fortier*. Petit in-8, orné de planches, fleurons, culs-de-lampe, obtenus au moyen de la Photolithographie.......................... 3 fr. 50 c.

†51° **Procédé au collodion sec**; par *F. Boivin*. 2e édit., augmentée du *Formulaire de Th. Sutton*, des *Tirages aux poudres inertes* (procédé au charbon), ainsi que de notions pratiques sur la photolithographie, l'électrogravure et l'impression à l'encre grasse.......................... 1 fr. 50 c.

†52° **Les Pandynamomètres de torsion et de flexion**, *Théorie et application*; avec 2 grandes planches; par M. *G.-A. Hirn*. 2 fr.

†53° **Notice sur les Aréomètres employés dans l'industrie, le commerce et les sciences**, avec figures dans le texte; par *Baserga*, Constructeur d'instruments.......................... 1 fr. 50 c.

†54° **Manuel du Magnanier**, application des théories de M. PASTEUR à l'éducation des vers à soie; par *L. Roman*. Un beau volume avec nombreuses figures ombrées dans le texte et 6 planches en couleur.......................... 4 fr. 50 c.

†55° **Les Couleurs reproduites en Photographie**; historique, théorie et pratique; par *Eug. Dumoulin*.......................... 1 fr. 50 c.

†56° **Progrès récents de l'Astronomie stellaire**; par *R. Radau*..... 1 fr. 50 c.

†57° **Les Observatoires de montagne** (avec figures dans le texte); par *R. Radau*.......................... 1 fr. 50 c.

†58° **Les Poussières de l'air**, avec figures dans le texte et 4 planches; par *Gaston Tissandier*.......................... 2 fr. 25 c.

DEUXIÈME SÉRIE. — *Cours de science illustrée.*

1° **L'art des projections**; par l'Abbé *Moigno*, avec 103 figures... 2 fr. 50 c.

2° **Photomicrographie en 100 Tableaux pour projections**; par *Girard*.......................... 1 fr. 50 c.

3° **Les Accidents.** — Secours à donner en l'absence de l'homme de l'art; par *Smée*............ 1 fr. 25 c.

4° **L'Anatomie et l'Histologie,** enseignées par les projections lumineuses; par le Dr *Le Bon*............ 1 fr.

**PASTEUR (L.),** Membre de l'Institut. — **Étude sur la maladie des Vers à soie,** *moyen pratique assuré de la combattre et d'en prévenir le retour.* 2 beaux volumes grand in-8, avec figures dans le texte et 37 planches; 1870... 20 fr.

Pour recevoir franco, dans tous les pays faisant partie de l'Union postale, les 2 volumes soigneusement emballés entre cartons, ajouter 1 fr. 50 c.

**PASTEUR (L.).— Études sur le Vinaigre;** *sa fabrication, ses maladies, moyen de les prévenir.* Nouvelles observations sur la CONSERVATION DES VINS PAR LA CHALEUR. Grand in-8, avec figures; 1868............ 4 fr.

**PASTEUR (L.). — Études sur la Bière;** *ses maladies, causes qui les provoquent, procédé pour la rendre inaltérable,* avec une THÉORIE NOUVELLE DE LA FERMENTATION. Grand in-8, avec 85 figures dans le texte et 12 planches gravées; 1876............ 20 fr.

Pour recevoir franco, dans tous les pays faisant partie de l'Union postale, l'Ouvrage soigneusement emballé entre cartons, ajouter 1 fr.

†**ROMAN (L.).—Manuel du Magnanier,** précédé d'une dédicace à M. *Pasteur.* Un beau volume in-18 jésus, avec nombreuses figures ombrées dans le texte et 6 planches en couleurs; 1877............ 4 fr. 50 c.

## PUBLICATIONS PÉRIODIQUES.

(*Les abonnements sont annuels et partent de Janvier.*)

†**ANNALES SCIENTIFIQUES DE L'ÉCOLE NORMALE SUPÉRIEURE.** In-4; mensuel. 2e série, t. VI; 1877.

| | | | |
|---|---|---|---|
| Paris............ | 30 fr. | Etats-Unis............ | 37 fr. |
| Dép<sup></sup>ts et Union postale.. | 35 fr. | Autres pays............ | 40 fr. |

Les 7 volumes de la 1re Série, 1864-1870 se vendent............ 150 fr.

**BULLETIN DE LA SOCIÉTÉ FRANÇAISE DE PHOTOGRAPHIE.** Grand in-8; mensuel. 23e année; 1877.

Paris et les départements, 12 fr. — Etranger, 15 fr.

On peut se procurer à la même Librairie les *années antérieures,* sauf les années 1855 et 1856, au prix de 12 fr. l'une, — les *numéros séparés* au prix de 1 fr., — et la **Table décennale** par ordre de matières et par noms d'auteurs des tomes I à X (1855 à 1864), au prix de 1 fr. 50 c.

†**BULLETIN MENSUEL DE L'OBSERVATOIRE DE MONTSOURIS.** In-4; mensuel. T. VI; 1877.

| | | | |
|---|---|---|---|
| Paris............ | 6 fr. | Etats-Unis............ | 8 fr. |
| Dépts et Union postale... | 7 fr. | Autres pays............ | 9 fr. |

†**BULLETIN DES SCIENCES MATHÉMATIQUES ET ASTRONOMIQUES,** rédigé par MM. DARBOUX et HOÜEL, avec la collaboration de plusieurs savants, sous la direction de la Commission des Hautes Études. Gr. in-8; mensuel. 2e SÉRIE, tome I (en deux Parties); 1877.

| | | | |
|---|---|---|---|
| Paris............ | 15 fr. | Etats-Unis | 20 fr. |
| Dépts et Union postale.. | 18 fr. | Autres pays............ | 22 fr. |

La **1re Série,** tomes I à XI, 1870 à 1876, se vend............ 90 fr.

**COMPTES RENDUS HEBDOMADAIRES DES SÉANCES DE L'ACADÉMIE DES SCIENCES.** In-4; hebdomadaire. Tomes LXXXIV et LXXXV; 1877.

Paris: 20 fr.

| | | | |
|---|---|---|---|
| Départements............ | 30 fr. | Etats-Unis............ | 45 fr. |
| Union postale............ | 34 fr. | Autres pays............ | 65 fr. |

**†JOURNAL DE MATHÉMATIQUES PURES ET APPLIQUÉES**, fondé par M. *Liouville* et rédigé par M. *Resal*, depuis 1875. In-4; mensuel. 3e Série, tome III; 1877.

| | | | |
|---|---|---|---|
| Paris.................... | 30 fr. | Etats-Unis............ | 37 fr. |
| Dép^ts et Union postale. | 35 fr. | Autres pays........... | 40 fr. |

**1re Série**, 20 volumes in-4, années 1836 à 1855 (au lieu de 600 fr.) 400 fr.
Chaque volume pris séparément (au lieu de 30 fr.)................ 25 fr.
**2e Série**, 19 volumes in-4, années 1856 à 1674 (au lieu de 570 fr.) 380 fr.
Chaque volume pris séparément (au lieu de 30 fr.)................ 25 fr.

**JOURNAL DE PHYSIQUE THÉORIQUE ET APPLIQUÉE**, publié par M. *d'Almeida*. Grand in-8, mensuel. Tome VI; 1877.

| | | | |
|---|---|---|---|
| Paris.................... | 12 fr. | Etats-Unis............. | 16 fr. |
| Dép^ts et Union postale. | 14 fr. | Autres pays............ | 17 fr. |

**JOURNAL DES ACTUAIRES FRANÇAIS**, publié par le Cercle des Actuaires. Grand in-8, trimestriel. Tome VI; 1877.

| | | | |
|---|---|---|---|
| Paris et Départements.. | 20 fr. | Etats-Unis............. | 24 fr. |
| Union postale.......... | 22 fr. | Autres pays............ | 25 fr. |

**†NOUVELLES ANNALES DE MATHÉMATIQUES**, rédigées par MM. *Gerono* et *Brisse*. In-8; mensuel. 2e Série, t. XVI; 1877.

| | | | |
|---|---|---|---|
| Paris.................... | 15 fr. | Etats-Unis............ | 19 fr. |
| Dép^ts et Union postale. | 17 fr. | Autres pays........... | 20 fr. |

**1re Série**, 20 vol. in-8, années 1842 à 1861.......................... 240 fr.

---

*On se charge des abonnements à toutes les publications scientifiques de la France et de l'Etranger.*

3740 Paris.—Imprimerie de GAUTHIER-VILLARS, quai des Augustins, 55. (Octobre 1877.)

# LE SOLEIL

PAR LE P. A. SECCHI S. J.,

Directeur de l'Observatoire du Collége Romain, Correspondant de l'Institut de France.

DEUXIÈME ÉDITION, ENTIÈREMENT REFONDUE.

PREMIÈRE PARTIE et SECONDE PARTIE. — Deux beaux volumes grand in-8, avec Atlas; 1875-1877 .......... **30 fr.**

*On vend séparément :*

**I^re Partie.** Un volume grand in-8, avec 150 figures dans le texte, et un Atlas comprenant 6 grandes Planches gravées sur acier (I. *Spectre ordinaire du Soleil* et *Spectre d'absorption atmosphérique.* — II. *Spectre de diffraction,* d'après la photographie de M. HENRY DRAPER. — III, IV, V et VI. *Spectre normal du Soleil,* d'après ANGSTRÖM, et *Spectre normal du Soleil, portion ultra-violette,* par M. A. CORNU); 1875 .......... 18 fr.

**II^e Partie.** Un volume grand in-8 avec nombreuses figures dans le texte, et 13 Planches dont 12 en couleur. (I à VIII. *Protubérances solaires.* — IX. *Type de tache du Soleil.* — X et XI. *Nébuleuses,* etc. — XII et XIII. *Spectres stellaires*); 1877 .......... 18 fr.

---

**LONCHAMPT (A.)**, Préparateur aux baccalauréats ès lettres et ès sciences, et aux Écoles du Gouvernement. — **Recueil de Problèmes** tirés des *compositions données à la Sorbonne,* de 1853 à 1875-1876, pour les *Baccalauréats ès sciences,* suivis des compositions de Mathématiques élémentaires, de Physique, de Chimie et de Sciences naturelles, données aux *Concours généraux* de 1846 à 1875-1876, et de *types d'examens* du baccalauréat ès lettres et des baccalauréats ès sciences. 2^e édition; in-18 jésus, avec figures dans le texte et planches; 1876-1877 :

**I^re PARTIE : Arithmétique.-Algèbre.-Trigonométrie.** *Questions* 1 fr. »
*Solutions.* 1 fr. 80 c.

**II^e PARTIE : Géométrie** .......... *Questions.* 1 fr. »
*Atlas* .... 60 c.
*Solutions.* 2 fr. 80 c.

**III^e PARTIE : Approximations numériques** (THÉORIE ET APPLICATION). — **Maxima et minima** (THÉORIE ET QUESTIONS). — **Courbes usuelles, Géométrie descriptive, Cosmographie, Mécanique** .......... *Théories* et *Questions.* 1 fr. 50 c.
*Solutions.* 1 fr. 50 c.

**IV^e PARTIE : Physique. — Chimie** .......... *Questions.* 1 fr. »
*Solutions.* 2 fr. »

**V^e PARTIE : Types d'examens du Baccalauréat ès sciences. — Compositions** de Mathématiques élémentaires et des Sciences physiques données aux Concours généraux de 1849 à 1876 ..........

www.ingramcontent.com/pod-product-compliance
Lightning Source LLC
Chambersburg PA
CBHW050103210326
41519CB00015BA/3810

* 9 7 8 2 0 1 2 6 6 1 3 4 9 *